女角色

飞龙

蜘蛛

人型生物 （BOSS）

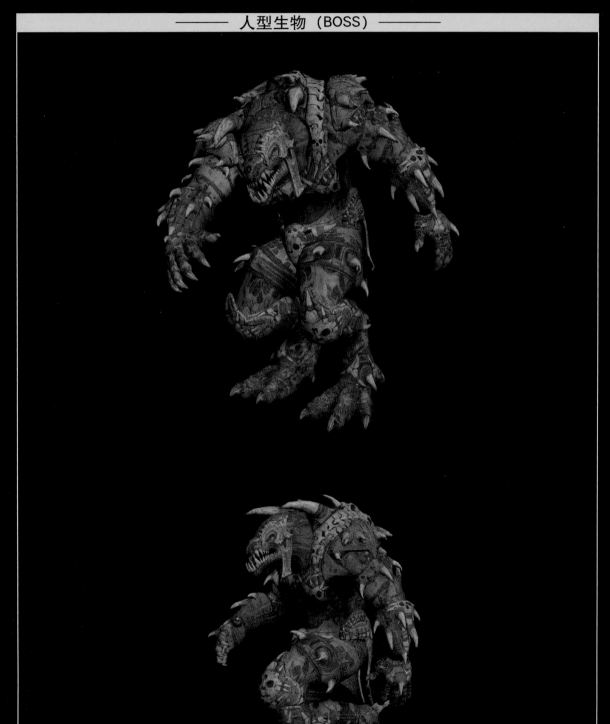

动漫游戏
系列丛书

动 漫 游 戏 系 列 丛 书

3ds Max
游戏角色动画设计

3ds Max YOUXI JUESE DONGHUA SHEJI

张 凡 等 编著

中国铁道出版社有限公司
CHINA RAILWAY PUBLISHING HOUSE CO., LTD.

内 容 简 介

本书通过 5 个生动精彩的制作实例，对游戏角色动画设计流程中的动作设计部分进行了重点介绍和讲解。

全书共分 6 章。第 1 章详细介绍了游戏动画的基础，重点讲解了游戏动画制作过程中的常用骨骼工具 Character Studio 等；第 2、3 章以网络游戏中男性角色和女性角色的动作设计为实例，详细讲解了游戏动作设计过程各类骨骼的相关应用；第 4 章飞龙的动画制作则详细地讲解了游戏中比较常见的飞龙动作设计，重点介绍了飞龙翅膀的骨骼设定方法和飞翔时的动画设计方法；第 5 章则详细地讲解了游戏中多足角色蜘蛛的动作设计；第 6 章详细讲解了人型生物（BOSS）的骨骼设定、蒙皮和常用动作的制作方法。为了辅助初学游戏动作设计的读者学习，本书的配套资源中含有所有实例的素材以及源文件，供读者练习时参考。

本书可作为大中专院校艺术类专业和相关专业培训班学员的教材，也可作为游戏美术工作者的参考书。

图书在版编目（CIP）数据

3ds Max 游戏角色动画设计 / 张凡等编著 . —2 版 . —
北京：中国铁道出版社有限公司，2021.1（2024.11重印）
（动漫游戏系列丛书）
ISBN 978-7-113-27510-5

Ⅰ. ①3… Ⅱ. ①张… Ⅲ. ①三维动画软件 Ⅳ.
① TP391.414

中国版本图书馆 CIP 数据核字（2020）第 273199 号

书　　名：3ds Max 游戏角色动画设计
作　　者：张　凡 等

策　　划：汪　敏　　　　　　　　　　编辑部电话：（010）51873135
责任编辑：汪　敏　李学敏
封面设计：付　巍
封面制作：刘　颖
责任校对：苗　丹
责任印制：赵星辰

出版发行：中国铁道出版社有限公司（100054，北京市西城区右安门西街 8 号）
网　　址：https://www.tdpress.com/51eds
印　　刷：北京盛通印刷股份有限公司
版　　次：2016 年 8 月第 1 版　2021 年 1 月第 2 版　2024 年 11 月第 4 次印刷
开　　本：787 mm×1 092 mm　1/16　插页：2　印张：18.25　字数：451 千
书　　号：ISBN 978-7-113-27510-5
定　　价：68.00 元

动漫游戏系列丛书编委会

序

随着全球信息化基础设施的不断完善，人们对娱乐的需求迅猛增长。从 20 世纪中后期开始，世界各主要发达国家和地区开始由生产主导型向消费娱乐主导型社会过渡，包括动画、漫画和游戏在内的数字娱乐及文化创意产业，它们日益成为具有广阔发展空间、推进不同文化间沟通交流的全球性产业。

进入 21 世纪后，我国政府开始大力扶持动漫和游戏行业的发展，"动漫"这一含糊的俗称也成为流行术语。从 2004 年起，我国建设了一批国家级动漫游戏产业振兴基地和产业园区，孵化了一批国际一流的民族动漫游戏企业；同时支持建设若干教育培训基地，培养、选拔和表彰民族动漫游戏产业紧缺人才；完善文化经济政策，引导激励优秀动漫和电子游戏产品的创作；建设若干国家数字艺术开放实验室，支持动漫游戏产业核心技术和通用技术的开发；支持发展外向型动漫游戏产业，争取在国际动漫游戏市场占有一席之地。

从深层次上讲，包括动漫游戏在内的数字娱乐产业的发展是一个文化继承和不断创新的过程。中华民族深厚的文化底蕴为中国发展数字娱乐及创意产业奠定了坚实的基础，并提供了广泛而丰富的题材。尽管如此，从整体上看，中国动漫游戏及创意产业面临着诸如专业人才缺乏、融资渠道狭窄、缺乏原创开发能力等一系列问题。

针对这种情况，目前各大中专院校相继开设或即将开设动漫和游戏相关专业。然而，真正与这些专业相配套的教材却很少。北京动漫游戏行业协会应各院校的要求，在科学的市场调研的基础上，根据动漫和游戏企业的用人需要，针对高校的教育模式及学生的学习特点，推出了动漫游戏系列丛书。本套丛书凝聚了国内外诸多知名动漫游戏人士的智慧。

整套教材的特点为：

- 三符合：符合本专业教学大纲，符合市场上技术发展潮流，符合

  各高校新课程设置需要。

- 三结合：相关企业制作经验、教学实践和社会岗位职业标准紧密结合。

- 三联系：理论知识、对应项目流程和就业岗位技能紧密联系。

- 三适应：适应新的教学理念，适应学生现状水平，适应用人标准要求。

- 技术新、任务明、步骤详细、实用性强，专为数字艺术紧缺人才量身定做。

- 基础知识与具体范例操作紧密结合，边讲边练，学习轻松，容易上手。

- 课程内容安排科学合理，辅助教学资源丰富，方便教学，重在原创和创新。

- 理论精练全面，任务明确具体，技能实操可行，即学即用。

动漫游戏系列丛书编委会

前　言

　　游戏作为一种现代娱乐形式，正在世界范围内创造巨大的市场空间和受众群体。我国政府大力扶持游戏行业，特别是对我国本土游戏企业的扶持，积极参与游戏开发的国内企业可享受政府税收优惠和资金支持。近年来，国内的游戏公司迅速崛起，而大量的国外一流游戏公司也纷纷进驻我国。面对飞速发展的游戏市场，我国游戏开发人才储备却严重不足，与游戏相关的工作变得炙手可得。

　　目前，随着整个网游市场的收入不断增加，整个网游行业的竞争已经从游戏产品的竞争转向人才的竞争，网游企业对人才的需求量也迅速增大，尤其是对初、中、高级人才的需求更为迫切。而与游戏产业发达的国家相比，我国游戏人才的职业培养体系还很薄弱，配套的教育知识体系仍不完善。因此基础人才培养的滞后成为制约我国网游产业不断发展的瓶颈。

　　为此，本书从游戏公司的实际制作需要出发，定位明确，讲解详细，用大量精彩生动的实例制作代替了枯燥的理论介绍，填补了游戏动画设计专业教材的空缺。

　　同时，本书的实例制作精良，使用了目前网络游戏开发中主流的动画制作技术，集先进、高效、快捷的技术特点于一体，来讲解游戏动画的制作思路和方法。使初学者也能快速上手，制作出属于自己的作品。

　　本书内容丰富、结构清晰、实例典型、讲解详尽、富于启发性。所有实例均是高校教学主管和骨干教师（中央美术学院、中国传媒大学、清华大学美术学院、北京师范大学、首都师范大学、北京工商大学传播与艺术学院、天津美术学院、天津师范大学艺术学院、山东理工大学艺术学院、河北艺术职业学院）从教学和实际工作中总结出来的。同时，也是全国所有热爱数字艺术教育的专业制作人员的智慧结晶。

动漫游戏系列丛书编委会

目　录

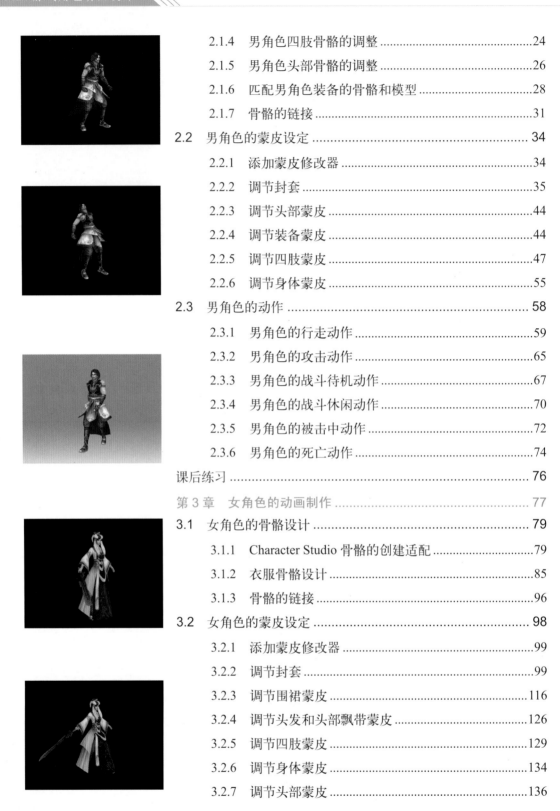

目录

第 **1** 章

游戏动画基础

在游戏角色制作中，要将游戏角色的性格和情绪活灵活现地表现出来，需要通过动作来实现。而动作的流畅与否，会直接影响游戏的效果。

在 3ds Max 中，制作游戏动画之前，首先要为制作好的模型创建骨骼。对于较为简单的游戏模型，通常使用 Character Studio 来创建骨骼系统；对于复杂的游戏模型，通常使用 Character Studio 结合 Bones 骨骼来创建骨骼系统。

在给模型创建了骨骼系统后，需要对完成骨骼设定的模型进行蒙皮才能制作角色动画。3ds Max 2016 中有两种蒙皮的方式：一种是和 Character Studio 配合使用的 Physique；另一种是 Skin。对于相对简单的游戏模型，采用的是参数设置比较方便的 Skin 进行蒙皮；而 Physique 的参数设置较为专业，通常适合对高级的动画角色进行蒙皮。通过本章的学习，读者应掌握游戏动画的相关理论知识。

1.1 动画概述

人与人之间的交流，可以通过语言和动作两种途径。语言是一种声音符号，而动作是一种表意符号，它能超越语言功能，跨越国家与民族的界限进行交流。动画主要以动作来传情达意，是一门给作品注入生命力的艺术。动作设计的首要目的是使大多数观者能够心领神会，因此不仅要使其具有普遍意义的共同特征，同时还必须从中寻找个性化的特殊动作。这种在共性中突出个性的动作设计，是动作语言符号化表现的难点，也是关键点。在动作设计中，需要设计者用心观察、揣摩，并大胆取舍，从而将生活中的常态动作提炼，并创造出既能准确达意，又令人耳目一新的动作符号。

1.2 角色动画的分类

角色动画分为肢体动画和表情动画两种。

1.2.1　肢体动画

肢体动画是动画的一种表现形式，它用身体的语言告知观众其行为目的。图 1-1 和图 1-2 所示的是动画角色的肢体语言表现。

图 1-1　动画角色的肢体语言 1

图 1-2　动画角色的肢体语言 2

作为一名优秀的动画设计师，不仅要有敏锐的观察力和卓越的创造能力，还要不断地从自身体会中去寻找感觉，挖掘自己的潜能，使自己和动画融为一体。只有经过不断磨炼，才能让自己成为真正的动画大师。

在制作动画的时候，一定要注意表现角色的特点。每个角色都有其固有的属性特征，动画设计师要善于发现和挖掘这些特征，并用最简单的肢体语言将其表现出来。要记住，习惯动作是一个角色最具特征的动作。

动作设计是指对运动角色的运动状态进行设计，它包含角色的性格定位、动作特征定位等。动作设计必须根据不同角色的运动过程，进行最具特征的格式设定，使每个角色的性格得到充分与合理的体现。

动作设计包括以下主要内容。

1. 常规运动状态

以人物为例，一般正常的行走动作称为常规动作。对于其他生命体或非生命体，其正常移动的动作都属此范畴。图1-3所示为人正常行走的动作图，图1-4所示为卡通形象行走的动作图。

图1-3　人正常行走的动作图

图1-4　卡通形象行走的动作图

2. 夸张的运动状态

一个角色或一件物体被外力推动或快速奔跑、移动时，并不一定是常规动作的简单加速，此时需要以非常形态的动作设计来表现。例如，当角色在高速运动中形状发生变化（拉长或缩短）时，可以用旋转或拉长的速度线表现；对于特殊的表情，可以用瞬间夸张的形态来强化动作的表现力与视觉效果。

3. 游戏肢体动画

游戏中的动画大多以肢体语言来表现角色特性和游戏风格。游戏动画不像动画片一样能较为自由地发挥想象，运用肢体动画和表情动画配合音乐来充分体现整部动画片的艺术性和观赏性。游戏动画有自身的制约性，因此游戏动画和动画片的制作手法有一定的差异。一般情况下，游戏动画是将肢体动画和音乐相搭配的一种动画表现形式。

目前市面上的游戏很多，如网络游戏《刀剑Online》《魔兽世界》《天堂》等。通过细心观察，读者会发现游戏动画比较规范，以常规动作为主的动画较多，如走路、跑步、普通休息、休息的小动作、战斗休息、兵器攻击、魔兽攻击、挨打、跳跃、倒地、衔接倒地的起身、坐、衔接坐的起身等，这些都是游戏中常见的动作。

通常，将游戏中的动作做成循环动作，如循环跑步或者走路、倒地和起身、坐下和起身等，这也是游戏动画单一制作的必然手法。

1.2.2　表情动画

在动画中为了强调角色的表情，通常要与动作进行配合，从而使表情与动作融为一体。在常规表情的表现中，动作一般不会很大，但所使用的动作必须带有普遍性，应能使观众通过其动作正确领会角色所要表达的意思，不至于产生误解。图1-5所示为表情动画和肢体动画相结合的画面效果。

1. 常规表情动作

一般而言，没有夸张成分的表情就是常规表情。对于慈祥、和蔼、沮丧、温柔等情绪的表现，需要使用慢一些的动作，这些动作以常规动作居多。图1-6所示为性格比较内向、少言寡语的角色表情。

图1-5　表情动画和肢体动画的结合　　　　图1-6　没有夸张的表情动作

2. 夸张的表情动作

动画角色在表现一些极端化的表情时，通常会用比较夸张的动作加以强化，从而传达特殊的情感"信息"，如大喜、大悲等。俗语中的"大惊失色""得意忘形"，其"失色"与"忘形"都是指改变了常态的动作，如图1-7所示。

图1-7　夸张的表情动作

夸张的表情可以充分调动场景的情节变化，同时给人留下比较深刻的印象。例如，《猫和老鼠》这部经典之作，迪士尼的动画高手们充分运用了夸张的手法表现角色性格特性，当然也包括夸张的肢体语言，以使人们真正感受到动画的乐趣。

3. 游戏表情动画

在游戏中，除 CG（Computer Graphics）片头过场动画外，表情动画的运用相对来说较少，因为在三维中制作表情动画都是采用顶点变形的方法来完成的，如果要在游戏引擎中实现，只能采用帧动画的方法，这样会很占用资源。所以一般采用骨骼的方法来制作一些简单的表情，如眨眼、张嘴等，再配合上肢体动画来丰富角色在游戏中的表情。

1.3 动画运动的基本规律

在设计和制作动画中的动作时，动画师必须要考虑以下两点。其一，一定要构思出角色将要表现出来的动作。一旦构思确定了，角色实际的行动才能被设计出来。在这个阶段，动画师应该十分熟悉角色的造型，只有这样，制作出的动画看上去才能显得自然。其二，对关键的姿态要做到心中有数，如果可能，要先把姿势画出来，这些关键的姿势将被用作制作动画的参照。从整体而言，动画运动的基本规律包括预期和跟随动作、关联动作、次要动作和浪形原理等内容。

1.3.1 预期和跟随动作

在制作某种角色动作之前，首先要制作出它的一个预备动作，以使观众知道某个事情即将发生。而跟随就是在动作完成后，因为惯性原因向前继续运动的动作。比如一个人从奔跑到停止时身体的变化，如图 1-8 所示。

图 1-8　人从奔跑到停止的预期和跟随动作

打铁动作是一个很好的说明，角色拿起铁锤打铁之后会把铁锤抬起，这个动作就是预期动作，而敲打时身体会跟随铁锤的方向运动，这个动作就是跟随动作，如图 1-9 所示。

图 1-9　打铁动作的预期和跟随动作

1.3.2　关联动作

简单地说，关联动作就是一个物体的运动影响另一个物体的运动。在表达某种含义时，角色会同时做出 2 ～ 3 个关联动作。例如，在角色做挥手求助的动作时，他会踮起脚尖以引人注意，然后急促地四处张望寻求帮助。又如，一个人在奔跑时，他的身体会向前倾以保持平衡，如图 1-10 所示。

图 1-10　人奔跑时的关联动作

在动画的制作过程中要尽量避免单一的运动，例如，抬起一只手臂，如果只单一制作一只手臂的动画，那么动作就会相当生硬。大家不妨亲自去做一下这个动作，会发现手臂抬起的同时肩部也会跟着运动，可能身体还会稍微有一点倾斜，因为身体要保持平衡会产生很多关联运动，这些都要在今后的制作过程中去慢慢体会，只有经常认真观察生活中的人物运动，才能在今后的动画中让角色栩栩如生。

1.3.3　次要运动

如果角色戴着帽子或穿着松散的服装，或有着一条长长的尾巴，则需要对这些物体制作单独的动画，以对应角色的运动。例如，人在运动时，衣服也会随之运动，这就是次要运动，如图 1-11 所示。

图 1-11　衣服的次要动作

次要动画都是在完成主体动画后再进行制作的。例如，松鼠主体的动画完成后，就可以根据松鼠主体的运动制作尾巴动画，这样会更准确、更科学地表现松鼠尾巴。

1.3.4 浪形原理

在动画中经常会制作衣服、头发、尾巴等的动画，这些柔体的动画都会用到浪形原理。浪形原理是柔体最常规的运动方式，从图 1-12 所示的箭头中可以看到动态的运动轨迹。

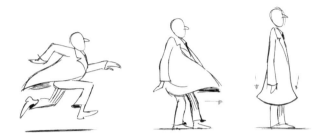

图 1-12　浪形原理运动轨迹

动画中柔体的韵律是基于浪形原理的，其运动轨迹弯曲成一个 S 形，像波浪一样活动到对应的 Z 形后再返回。可以把这种运动方式运用到游戏中的柔体动画上，如头发、飘带之类的动画制作中。

1.4　Character Studio 简介

Character Studio 是 3ds Max 中角色动画最常见的制作工具，无论是国外还是国内的游戏，大多数的游戏角色动画都是用它来制作的。Character Studio 可以很方便地创建两足动物和四足动物的骨架。Character Studio 主要由 3 个基本插件组成，即 Biped（二足角色）、Physique（体格修改器）和 Crowd（群组）。

Biped 可以使用脚步动画、关键帧及运动捕捉，制作各种各样的动画可以将不同的运动连接成延续的动画或组合到一起形成一个运动序列，还可以对运动捕捉文件进行编辑。使用 Physique 可以对创建的二足角色骨架进行编辑，可以提供自然的表皮变形，并能精确控制肌肉隆起和肌腱的行为，从而产生自然而逼真的 3D 角色。使用 Crowd 可以通过行为系统使一组 3D 对象和角色产生动画，它是具有最丰富的处理行为动画的工具，可以控制成群的角色和动物（如人群、兽群、鱼群、鸟群及其他对象）。很多影视中气势恢宏的大场面都是用 Crowd 完成的。本书的制作实例主要运用了 Character Studio 系统中的 Biped 插件，下面将主要介绍该部分的内容。

1.4.1 Biped

Biped 是 3ds Max 系统的一个插件。单击 ✳（创建）面板下 ✱（系统）中的"Biped"按钮，然后在视图中进行拖动即可创建二足角色。当使用 Biped 建立一个二足角色后，利用 ◎（运动）面板上的 Biped 控制工具可以为二足角色添加动画。Biped 角色模型都有腿部，可以是人类、动物，甚至是虚构生物的肢体。二足角色的骨架具有特殊属性，它模仿人的关节，可以非常方便地产生动画，尤其适合 Character Studio 中的脚步动画，可以省去将脚锁定在地面上的麻烦。二足角色可以像人一样直立走，当然也可以利用二足角色制作多足动物。

1. 二足角色骨架的特点

（1）类似人的结构

二足角色的关节像人一样都链接在一起。在默认情况下，二足角色类似于人的骨架并具有稳定的反力学层级。

（2）自定义非人类结构

二足角色骨架可以很容易变形为四足动物，如恐龙。

（3）自然旋转

当旋转二足角色的脊椎时，其手臂保持相对于地面的角度，而不是随肩一起运动。

（4）设置脚步

二足角色的骨架特别适合于制作角色的脚步动画。

2. 二足角色骨架的模式

Biped 具有 4 种模式，如表 1-1 所示。

表 1-1　Biped 的 4 种模式

模式图片	模式说明
大	体型模式。进入该模式可以对二足角色的形体进行编辑
👣	足迹模式。用于创建和编辑足迹；生成走动、跑动或跳跃足迹模式；编辑空间内的选定足迹；使用足迹模式下可用的参数附加足迹
己	运动流模式。用于创建脚本并使用可编辑的变换，将".bip"文件组合起来，以便在运动流模式下创建角色动画
🐗	混合器模式。用于激活"Biped"卷展栏中当前所有的混合器动画，并显示"混合器"卷展栏

1.4.2　"创建 Biped"卷展栏

打开"创建 Biped"（创建二足角色）卷展栏，可以显示控制二足角色的一些信息，如图 1-13 所示。

1. 创建方法

"创建方法"选项组有以下两个选项。

- 拖动高度：单击该项，然后在任意视图中按住鼠标左键拖动，即可按拖动的高度产生二足角色。
- 拖动位置：单击该项，然后在任意视图中单击，即可产生二足角色。

2. 结构源

"结构源"选项组同样有两个选项。

- U/I：单击该项，可使用当前参数设置创建二足角色的身体结构。
- 最近 .fig 文件：单击该项，可使用最近一次加载的二足角色的比例、结构和高度建立新的二足角色。当在任意视图中按住鼠标左键拖动时，即可产生二足角色。

3. 根名称

"根名称"文本框用于显示二足角色重心对象的名称。重心是二足角色层级的根对象或父对象,在骨盆区域中显示为一个六面体。根对象的名称会被添加到所有二足角色层级的链接中。

当合并角色或使用 3ds Max 中的"名称选择"对话框选择二足角色链接时,会根据重心的名称改变其他骨骼的名称,从而使这些过程得到简化。例如,默认的重心名称为"Bip001",如果将"Bip001"改为"John",则相应的名称就会被加入到所有的链接中,如 John Pelvis(John 骨盆)、John L Thigh(John 左腿)等。另外,还可以在 ◎(运动)面板 ✿(体形模式)下的"结构"卷展栏中对角色的名称进行修改。在创建过程中,输入一个描述性的名称对于区分场景中的多个二足角色很有帮助。

当创建第一个二足角色时,其重心的默认名称为"Bip001",如果创建了多个二足角色,则重心的名称序号也会随之增加,即"Bip002""Bip003""Bip004",依此类推。

4. 躯干类型

在创建二足角色时,可以在图 1-14 所示的"躯干类型"下拉列表中选择二足角色的身体类型,其中包括"骨骼""男性""女性"和"标准"四个选项。另外,进入 ◎(运动)面板的 ✿(体形模式),如图 1-15 所示,也能设置相关参数。对于相关参数的详细说明,如表 1-2 所示。

图 1-13 "创建 Biped"卷展栏

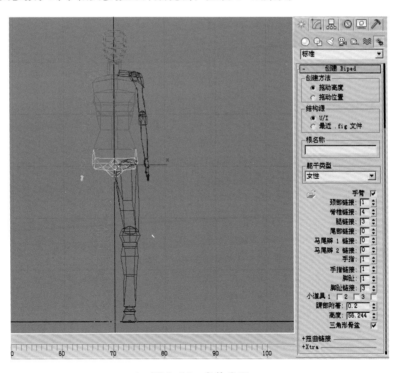

图 1-14 身体类型

9

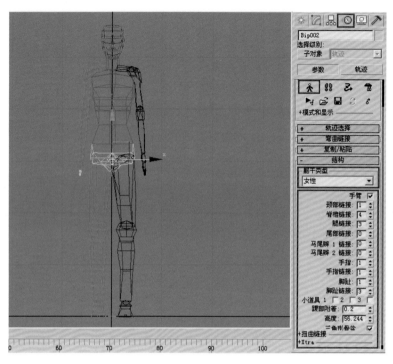

图 1-15 "体形修改"面板

表 1-2 "体形修改"面板的相关参数说明

面板命令中文名称	详 细 功 能
手臂	定义是否生成手臂，如果不选，则建立的二足角色没有手臂
颈部链接	定义颈部的链接数，取值范围为 1 ~ 5
脊椎链接	定义脊柱的链接数，取值范围为 1 ~ 5
腿链接	定义腿的链接数，取值范围为 3 ~ 4
尾部链接	定义尾巴的链接数，取值范围为 0 ~ 5，其中 0 表示没有尾巴
马尾辫链接	定义马尾辫的链接数，取值范围为 0 ~ 5
手指	定义二足角色的手指数，取值范围为 0 ~ 5
手指链接	定义每个手指关节的链接数，取值范围为 1 ~ 3
脚趾	定义每个脚趾的链接数，取值范围为 1 ~ 3
脚趾链接	定义每个脚趾关节的链接数，取值范围为 1 ~ 3
小道具	定义二足角色所附带的道具
踝部附着	定义脚踝相对于脚掌的连接点，脚踝可以放在从脚后跟到脚趾的中心线上的任何位置
高度	定义二足角色的高度，当高度变化时，脚的位置不发生变化
三角形骨盆	当应用体格修改器的时候，Triangle 可以建立从大腿到最低脊椎对象的链接，通常大腿被链接到二足角色的骨盆对象上

5．扭曲链接

"扭曲链接"选项组用于设置关节扭曲的骨骼数量，如手的转动，当手转动时小臂也会随之一起转动，如图 1-16 所示，这样动画就会更接近真实。"扭曲链接"通常用于设置 CG

片头多面角色的关节扭曲链接，但在游戏中很少采用，因为这需要蒙皮时角色有足够多的面数。扭曲链接设置允许动画肢体发生扭曲时，在蒙皮的模型上优化网格变形（使用 Physique 或 Skin）。"扭曲链接"选项组如图 1–17 所示，其相关参数的详细说明如表 1–3 所示。

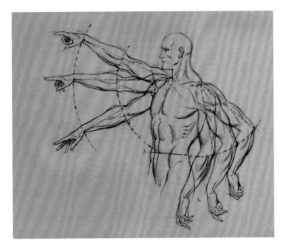

图 1-16　手的转动会带动小臂一起运动

图 1-17　"扭曲链接"选项组

表 1-3　"扭曲链接"选项组的说明

面板命令中文名	详　细　功　能
扭曲	打开或关闭扭曲链接功能
上臂	设置上臂的扭曲链接数。默认设置为 0，取值范围为 0 ~ 10
前臂	设置前臂的扭曲链接数。默认设置为 0，取值范围为 0 ~ 11
大腿	设置大腿的扭曲链接数。默认设置为 0，取值范围为 0 ~ 12
小腿	设置小腿的扭曲链接数。默认设置为 0，取值范围为 0 ~ 13
脚架链接	设置脚架链接的链接数。默认设置为 0，取值范围为 0 ~ 14

1.4.3　Character Studio 系统的使用流程

下面通过创建一个简单骨骼动画的实例，帮助读者了解 Character Studio 系统的使用流程。

（1）启动 3ds Max 2016，单击 ▓（创建）面板下 ▓（系统）中的"Biped"（二足角色）按钮，然后在透视图中拖出一个 Biped，其在前视图中的显示如图 1–18 所示。

（2）单击 ▓（足迹模式）按钮，如图 1–19 所示。然后在"足迹创建"卷展栏中单击 ▓（行走）按钮，接着单击 ▓（创建多个足迹）按钮，如图 1–20 所示。

（3）在弹出的"创建多个足迹：行走"对话框中设置"足迹数"为"8"，如图 1–21 所示，单击"确定"按钮。

（4）单击"足迹操作"卷展栏中的 ▓（为非活动足迹创建关键点）按钮，如图 1–22 所示。

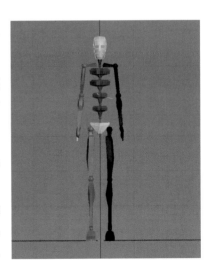

图 1-18　创建 Biped 骨骼

图 1-19　■■（足迹模式）按钮

图 1-20　■（行走）和■（创建多个足迹）按钮

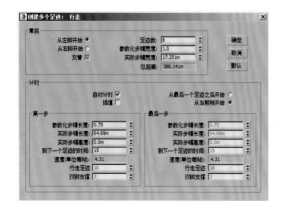

图 1-21　设置"足迹数"为"8"

图 1-22　激活■（为非活动足迹创建关键点）按钮

（5）播放动画，这时可以看到骨骼步行的动画，如图 1-23 所示。

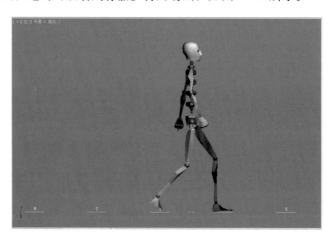

图 1-23　足迹动画制作完成

1.5　Skin 蒙皮简介

本节包括 Skin 蒙皮系统、"参数"卷展栏、"镜像参数"卷展栏、"显示"卷展栏、"高级参数"卷展栏和"Gizmos"卷展栏六个部分。

1.5.1　Skin 蒙皮系统

3ds Max 的蒙皮有 Skin 和 Physique 两种，在游戏中通常使用 Skin 进行蒙皮。Skin 蒙

皮的优点是可以自由地选择骨骼进行蒙皮，并且调节权重也十分方便，还可以镜像权重，这样只要做好一半蒙皮就可以完成全部的身体了。Skin蒙皮是通过"蒙皮"修改器来完成的，下面来讲解"蒙皮"修改器的主要参数。

1.5.2 "参数"卷展栏

从修改面板的列表中，可为所选择的网格或面片对象指定"蒙皮"修改器。"参数"卷展栏是该修改器的主要卷展栏，其大部分工作都是在这里完成的，所以充分理解该卷展栏的参数是十分重要的。对该卷展栏部分功能说明如图 1-24 所示。下面主要讲解"选择"选项组、"封套属性"选项组和"权重属性"选项组的参数。

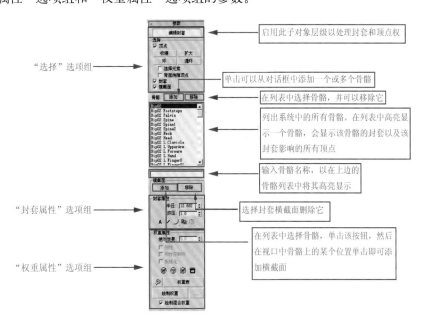

图 1-24 "参数"卷展栏部分参数含义

1. "选择"选项组

"选择"选项组的参数如图 1-25 所示，用于防止在视窗中意外地选择错误项目，以便能更好地完成特定任务。

图 1-25 "选择"选项组

- 顶点：选中该复选框后，可以选择顶点。
- 收缩：从选定对象中逐渐减去最外部的顶点，如果选择了一个对象中的所有顶点，则没有任何效果。
- 扩大：逐渐添加所选定对象的相邻顶点，以修改当前的顶点选择，必须从至少一个顶点开始扩展选择。
- 环：扩展当前的顶点选择，以包括平行边中的所有部分。
- 循环：扩展当前的顶点选择，以包括连续边中的所有顶点部分。
- 选择元素：启用后，选择元素的一个或多个顶点，会选择它的所有顶点。

- 背面消隐顶点：启用后，指向远离当前视图的顶点（位于几何体的另一侧）将处于不可选择状态。
- 封套：启用它以选择封套。
- 横截面：启用它以选择横截面。

2. "封套属性"选项组

图1-26 "封套属性"选项组

"封套属性"选项组的参数如图1-26所示。将"蒙皮"修改器应用于对象之后，第一步是确定哪些骨骼参与对象的加权。所选的每个骨骼都通过其封套影响加权的对象，可以在"封套属性"选项组中对此进行配置。

- 半径：当选择封套横截面后，利用"半径"后面的数值可以调整其大小。
- 挤压：用于设置所拉伸骨骼的挤压程度。
- A（绝对）：单击该按钮，则顶点必须恰好下落到棕色的外部封套中，才能相对于该特定骨骼具有100%的指定权重。对于下落深度超过一个外部封套的顶点，将根据其下落到每个封套的渐变中的位置，为其指定总和为100%的多个权重。
- R（相对）：单击该按钮，则对于仅在外部封套内下落的顶点，不为其指定100%的权重。顶点必须在渐变总和为100%或更大的两个或多个外部封套内下落，或者顶点必须在红色的内部封套内下落，才具有100%的权重。红色内部封套中的任何点将对该骨骼进行100%锁定，在多个内部封套中下落的顶点将具有对应骨骼上所分布的权重。
- ✎（封套可见性）：确定未选择封套的可见性。在列表中选择骨骼并单击✎（封套可见性）按钮，然后选择列表中的另一个骨骼，则选择的第一个骨骼将保持可见。使用此按钮可处理两个或三个封套。
- ⌐（快速衰减）：单击该按钮，则权重迅速衰减。
- ⌐（缓慢衰减）：单击该按钮，则权重缓慢衰减。
- ✎（线性衰减）：单击该按钮，则权重以线性方式衰减。
- ∫（波形衰减）：单击该按钮，则权重以波形方式衰减。
- 🗐（复制）：单击该按钮，则会将当前选定的封套大小和形状复制到缓冲区。
- 🗐（粘贴）：单击该按钮，则会将复制到缓冲区的封套粘贴到当前的选定骨骼。
- 🗐（粘贴到所有骨骼）：单击该按钮，则会将复制缓冲区复制到修改器的所有骨骼。
- 🗐（粘贴到多个骨骼）：单击该按钮，则会将复制缓冲区粘贴到选定骨骼。在弹出的相应对话框中选择要粘贴到其中的骨骼即可。

图1-27 "权重属性"选项组

3. "权重属性"选项组

"权重属性"选项组的参数如图1-27所示。

- 绝对效果：用于输入选定骨骼对选定顶点的绝对权重值。
- 刚性：选中该复选框，则会使选定顶点仅受一个最具影响力的骨骼影响。

- 刚性控制柄：选中该复选框，则使选定面片顶点的控制柄仅受一个最具影响力的骨骼影响。
- 规格化：选中该复选框，则会强制每个选定顶点的总权重合计为1.0。
- （排除选定的顶点）：获取当前选择的顶点，并将它们添加到当前选中骨骼的排除列表中。排除列表中的任何顶点都不受此骨骼影响。
- （包含选定的顶点）：从排除列表中为选定骨骼获取选定顶点，则该骨骼将影响这些顶点。
- （选定排除的顶点）：获取并选择当前排除的顶点。
- （烘焙选定顶点）：单击以烘焙当前的顶点权重。所烘焙权重不受封套更改的影响，仅受"绝对效果"或"权重表"中权重的变化影响。
- （权重工具）：单击该按钮，则会弹出"权重工具"对话框，该对话框提供了一些控制工具，用于帮助在选定顶点上指定和混合权重。
- 权重表：显示一个表，用于查看和更改骨架结构中所有骨骼的权重。
- 绘制权重：在视口中的顶点上按住鼠标左键拖动，以便刷过选定骨骼的权重。
- （绘制选项）：单击该按钮可弹出"绘制选项"对话框，从中可设置权重绘制的参数。
- 绘制混合权重：启用后，将相邻顶点的权重均分，然后基于笔刷强度应用平均权重，可以缓和绘制的值。默认设置为启动。

1.5.3 "镜像参数"卷展栏

"镜像参数"卷展栏的参数如图1-28所示，用于实现将一边的蒙皮信息复制给另一边。

图1-28 "镜像参数"卷展栏

- 镜像模式：启用镜像模式后，可在网格两侧指定镜像封套和顶点。
- （镜像粘贴）：单击该按钮，可以将选定封套和指定顶点粘贴到物体的另一边。
- （将绿色粘贴到蓝色骨骼）：单击该按钮，可以将封套设置的相关属性从绿色骨骼粘贴到蓝色骨骼。
- （将蓝色粘贴到绿色骨骼）：单击该按钮，可以将封套设置的相关属性从蓝色骨骼粘贴到绿色骨骼。
- （将绿色粘贴到蓝色顶点）：单击该按钮，可以将所有蓝色顶点的相关属性粘贴到对应的绿色顶点。
- （将蓝色粘贴到绿色顶点）：单击该按钮，可以将所有绿色顶点的相关属性粘贴到对应的蓝色顶点。
- 镜像平面：确定将用于左侧和右侧的平面，当启用"镜像模式"时，该平面在视口中显示在网格的轴点处。如果选择了多个对象，则将使用一个对象的局部轴。默认值为"X"。
- 镜像偏移：用于沿镜像平面轴移动镜像平面。
- 镜像阈值：在将顶点设置为左侧或右侧顶点时，用于设置镜像工具所能看到的相对距离。如果启用"镜像模式",则提高"镜像阈值"的数值可以包含更大的角色区域。

- 显示投影:其下拉列表中包含"默认模式""正向""负向"和"无"4 个选项。选择"默认模式"选项,则镜像平面一侧上的顶点会自动将选择的投影投射到相对面;选择"正向"选项,则将仅显示正值上角色一侧的顶点;选择"负向"选项,则将仅显示负值上角色一侧的顶点;选择"无"选项,则将不显示顶点。
- 手动更新:默认情况下是每次释放鼠标按钮时更新,选中该复选框,则可手动进行更新显示。
- 更新:在选中"手动更新"复选框后,单击该按钮可使用新设置更新显示。

1.5.4 "显示"卷展栏

"显示"卷展栏的参数 如图 1−29 所示,主要用于控制显示属性。

- 色彩显示顶点权重:选中该复选框,可根据顶点的权重设置视口中的顶点颜色。
- 显示有色面:选中该复选框,可根据面的权重设置视口中的面颜色。
- 明暗处理所有权重:给封套中的每个骨骼指定一个颜色,然后进行顶点加权,将颜色混合在一起。
- 显示所有封套:选中该复选框,将显示所有封套。
- 显示所有顶点:选中该复选框,将显示所有顶点。
- 显示所有 Gizmos:选中该复选框,将显示除当前选定 Gizmos 以外的所有 Gizmos。
- 不显示封套:选中该复选框后,即使已选择封套,也不显示封套。

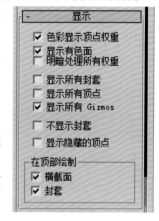

图 1−29 "显示"卷展栏

- 显示隐藏的顶点:选中该复选框,将显示隐藏的顶点。
- 横截面:选中该复选框,则会强制在顶部绘制横截面。
- 封套:选中该复选框,则会强制在顶部绘制封套。

1.5.5 "高级参数"卷展栏

"高级参数"卷展栏的参数如图 1−30 所示。

- 始终变形:用于骨骼和所控制点之间的变形关系的切换。
- 参考帧:用于设置骨骼和网格位于参考位置的帧数。
- 回退变换顶点:用于将网格链接到骨骼结构。通常,在执行此操作时任何骨骼的移动都会根据需要将网格移动两次,即一次随骨骼移动,一次随链接移动。选中此复选框,可防止在这些情况下移动网格两次。
- 刚性顶点(全部):使仅指定到一个骨骼的顶点,同样对封套最具影响力的骨骼具有 100%权重。主要用于不支持权重重点变换的游戏中。
- 刚性面片控制柄(全部):在面片模型上,强制面片控制柄权重等于节权重。
- 骨骼影响限制:限制可影响一个顶点的骨骼数。

- （重置选定的顶点）：将选定顶点的权重重置为封套默认值。当手动更改顶点权重后，可使用此按钮重置权重。
- （重置选定的骨骼）：将关联顶点的权重重新设置为选定骨骼封套计算时的原始权重。
- （重置所有骨骼）：将关联顶点的权重重新设置为所有骨骼封套计算时的原始权重。
- 保存：用于保存封套的位置、形状及顶点权重。
- 加载：用于加载封套的位置、形状及顶点权重。
- 释放鼠标按钮时更新：选中该复选框，则按下鼠标按钮时，不进行更新；释放鼠标时，进行更新。选中该复选框可以避免不必要的更新。
- 快速更新：选中该复选框，则在不渲染时，禁用权重变形和 Gizmo 的视口显示，并使用刚性变形。
- 忽略骨骼比例：选中该复选框，可以使蒙皮的网格不受缩放骨骼的影响。默认设置为禁用状态。

图 1-30 "高级参数"卷展栏

- 可设置动画的封套：选中该复选框，则在启用"自动关键点"时，可在动画的封套参数上创建关键点。默认设置为禁用状态。
- 权重所有顶点：选中该复选框，将强制不受封套控制的所有顶点加权到与其最近的骨骼，但对手动加权的顶点无效。默认设置为启用。
- 移除零权重：如果顶点低于"移除零限制"的数值，则从其权重中将其去除。由于去除了存储在几何体中不需要的数据，从而使蒙皮的模型更加简洁（如在游戏中）。
- 移除零限制：设置权重阈值。该值用于设置在单击"删除零权重"后是否从权重中去除顶点。默认设置为"0.0"。

1.5.6 "Gizmos"卷展栏

"Gizmo"卷展栏中的控件用于根据关节的角度变形网格，以及将 Gizmo 添加到对象上的选定点。该卷展栏包括一个列表框（其中包含此修改器的所有 Gizmo）、一个当前类型的 Gizmo 的下拉列表，以及 （添加 Gizmo）、（移除 Gizmo）、（复制 Gizmo）和 （粘贴 Gizmo）4 个按钮，如图 1-31 所示。

图 1-31

课 后 练 习

1. 填空题

（1）角色动画分为 _____ 和 _____ 两种。

（2）在创建二足角色时，在"躯干类型"下拉列表中有 _____、_____、_____ 和 _____ 四个选项可以选择。

2. 问答题

（1）简述动画运动的基本规律。

（2）简述创建二足角色奔跑的动画流程。

第2章

男角色的动画制作

　　本章将设定男角色的 Skin 蒙皮，利用 Character Studio 适配角色和制作男角色的步行、攻击、战斗待机、战斗休闲、挨打以及死亡动画，效果如图 2-1 所示。通过本章学习，读者应掌握 Skin 蒙皮中的常用参数以及使用方法、常用的 Character Studio 和 Skin 一起蒙皮角色的操作流程。

(a) 男角色战斗行走动画

(b) 男角色战斗待机动画

(c) 男角色战斗攻击动画

(d) 男角色战斗休闲动画

图 2-1　男角色动画效果图

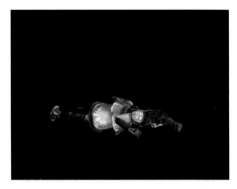

(e) 男角色战斗被击中动画　　　　　　　　　　(f) 男角色战斗死亡动画

图 2-1　男角色动画效果图（续）

2.1　男角色的骨骼设计

男角色骨骼设计分为 Character Studio 骨骼创建、男角色的基础骨骼设定、男角色的身体骨骼调整、男角色的四肢骨骼调整、男角色头部骨骼调整、匹配男角色装备的骨骼和模型、链接 Bones 骨骼至 CS 骨骼 7 部分内容。

2.1.1　Character Studio 骨骼的创建

在设置游戏骨骼时，通常使用 Character Studio 骨骼系统。Character Studio 骨骼系统结合 Bones 骨骼可以满足大部分模型对骨骼系统的要求。这种骨骼提供了最快捷方便的搭建模式，可以自由地进行 IK / FK 操控，随意定义手脚的旋转轴心，还可以进行便捷的 pose 粘贴以及其他一些很方便的操作。

Character Studio 骨骼系统允许用户对其高度、大小以及骨架关节数量进行调整，且任何的调整都不需要再重新设定正逆向的连接关系，调整完成后的新链接关系也会马上自动成型。Character Studio 骨骼系统中的 Biped 模块使用的 IK 系统是经过特别设计的，专门用于两足动物动画，并且考虑到了人体的运动规律和两足动物限制。Biped 模块可以综合控制两足动物的重量和重心，这使得 Biped 在两足动物的双足离开地面时，能够填补两足动物的正确姿态，并且能够使两足动物的重心动态保持平衡，从而获得自然的动态效果。接下来开始进入男角色动画的制作流程。

（1）启动 3ds Max 2016，打开"配套资源 / MAX / 第 2 章　男角色的动画制作 / 男角色 .max"文件。

（2）单击 ▓（创建）面板下 ▓（系统）中的"Biped"按钮，然后在透视图中创建一个"Biped"两足角色——Bip 001，如图 2-2 所示。

> ● 提示
>
> 在 3ds Max 中创建骨骼时，通常在透视图中创建"Biped"。因为在前视图中创建骨骼时，"Biped"两足角色无法直接站立在地面上。

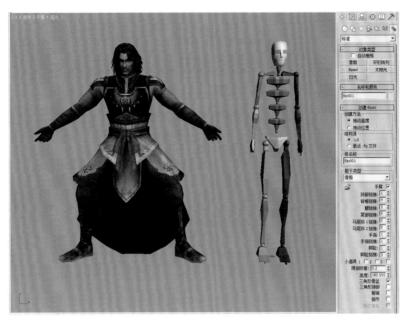

图 2-2 在前视图中拖出一个"Biped"两足角色

2.1.2 男角色基础骨骼的设定

在调整男角色的基础骨骼之前，首先要把男角色的全部模型选中并且冻结，以便在调整男角色骨骼的过程中不会误选模型。方法：选中男角色模型，进入 （显示）面板，取消选中"以灰色显示冻结对象"复选框，从而使男角色的模型显示出真实颜色，如图 2-3 所示。然后右击，从弹出的快捷菜单中选择"冻结当前选择"命令，如图 2-4 所示，冻结男角色模型。

图 2-3 模型的真实颜色

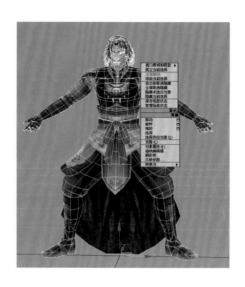

图 2-4　冻结模型

2.1.3　男角色身体骨骼的调整

（1）在前视图中选择男角色骨骼的轴心（位于男角色小腹中心的菱形物体），然后利用 ⊹（选择并移动）工具将轴心移动到男角色模型的重心位置，如图 2-5 所示。

（2）切换到左视图，再次选择男角色骨骼的轴心，利用 ⊹（选择并移动）工具把轴心移动到模型的重心位置，如图 2-6 所示。

（3）选择视图中的男角色模型，打开 （修改）面板，在"躯干类型"下拉列表中选择"男性"选项，从而将男角色骨骼的显示改为男性类型。然后单击 （体形模式）按钮，进入体形模式，并调节男角色骨骼的形体参数，如图 2-7 所示。

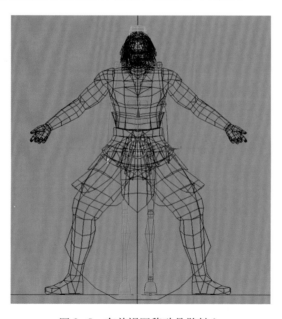

图 2-5　在前视图移动骨骼轴心

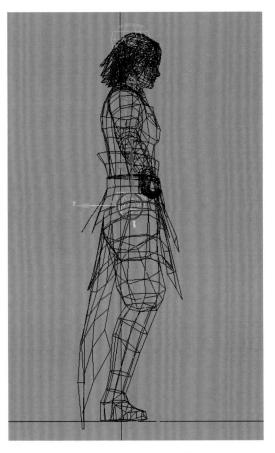

图 2-6　在左视图移动骨骼轴心　　　　　　图 2-7　调节骨骼的形体参数

（4）利用 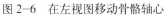（选择并匀称缩放）工具将 Bip01　Pelvis 骨骼放至最大，如图 2-8 所示。然后改变骨骼高度为 19，从而使骨骼高度与模型匹配。

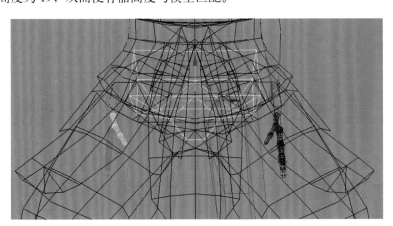

图 2-8　缩放骨骼至最大

（5）分别在前视图和左视图中利用 ✛（选择并移动）工具、↻（选择并旋转）工具和 ▣（选择并匀称缩放）工具将脊椎与模型匹配对齐，如图 2-9 所示，从而使骨骼对模型的影响更为精确。

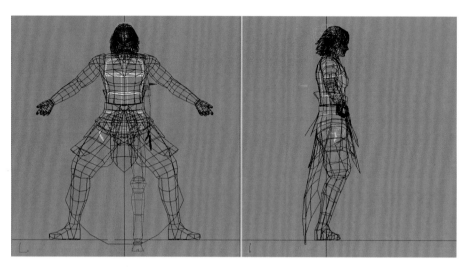

图 2-9　将男角色脊椎与模型匹配对齐

2.1.4　男角色四肢骨骼的调整

由于男角色的四肢是左右对称的，因此在匹配男角色骨骼和模型时，只需调整好一边的骨骼形态，再复制给另一边的骨骼即可，这样可以提高制作效率，为后面的调整节省时间。

（1）匹配男角色肩膀的骨骼。利用 ✛（选择并移动）工具、↻（选择并旋转）工具和 ▣（选择并匀称缩放）工具将男角色肩膀部分的骨骼与相对应的模型匹配，如图 2-10 所示。

图 2-10　匹配右肩膀的骨骼与模型

（2）匹配手臂、手掌的骨骼。继续利用 ✛（选择并移动）工具、↻（选择并旋转）工具和 ▣（选择并匀称缩放）工具将手臂的骨骼、手掌的骨骼与模型进行匹配，要注意，首先在前视图中进行匹配，然后再到顶视图中进行观察调整，如图 2-11 所示。

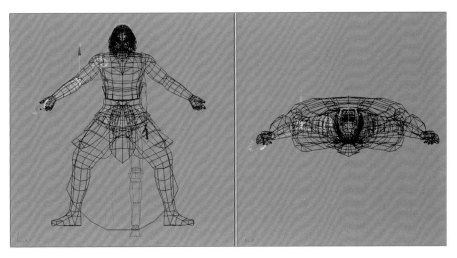

图 2-11　匹配手臂、手掌的模型与骨骼

（3）匹配手指的骨骼。由于手指的动作比较灵活，因此这一步要细心操作，把每个手指的关节匹配准确，匹配后的效果见图 2-12。

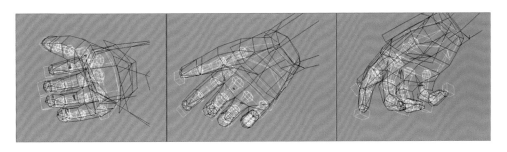

图 2-12　匹配手指的骨骼与模型

（4）匹配腿部的骨骼和模型。首先在前视图中进行匹配，然后到左视图中观察调整。注意骨骼膝盖的位置一定要和模型匹配准确，如图 2-13 所示。

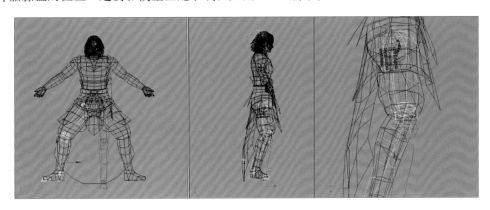

图 2-13　匹配腿部的骨骼与模型

（5）选中已经匹配好的手臂和腿部骨骼，然后单击"复制／粘贴"卷展栏中的 （创建集合）按钮，再单击 （复制）按钮进行复制。接着单击 （向对面粘贴姿态）按钮，如图 2-22 所示，从而将所选骨骼粘贴到对称的左侧，如图 2-14 所示。

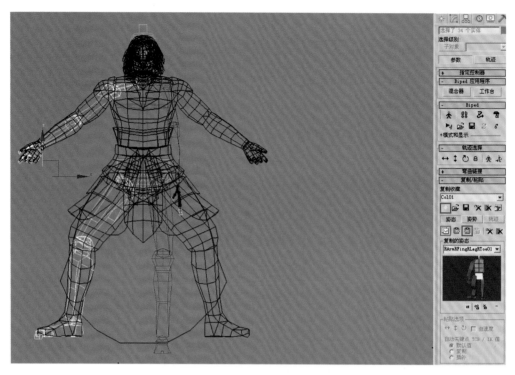

图 2-14   将调整好的骨骼复制到左侧

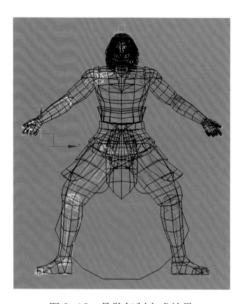

图 2-15   骨骼复制完成效果

2.1.5   男角色头部骨骼的调整

（1）选择头部骨骼并右击，从弹出的快捷菜单中选择"对象属性"命令，如图 2-16 所示。接着在弹出的"对象属性"对话框中，选中"显示为外框"复选框，如图 2-17（a）所示，将头部骨骼改为线框显示，以便观察骨骼与模型匹配的情况。

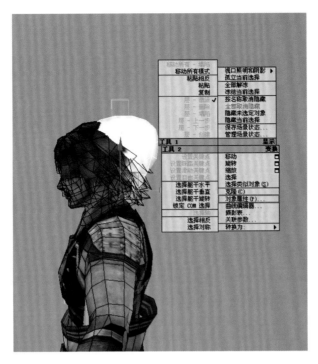

图 2-16　调整头部骨骼的对象属性

（2）利用❖（选择并移动）工具、↻（选择并旋转）工具和❐（选择并匀称缩放）工具将男角色的头部骨骼、颈部骨骼和模型匹配对齐，如图 2-17（b）所示。

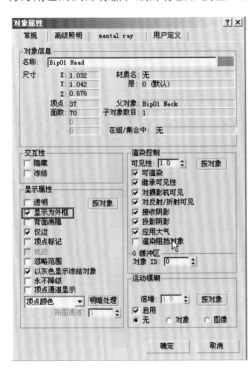

（a）"对象属性"对话框　　　　　　　　　　　（b）匹配男角色头、颈部的骨骼和模型

图 2-17　头部骨骼的调整

2.1.6　匹配男角色装备的骨骼和模型

（1）创建并匹配男角色腿部装备的骨骼。方法：创建三块 Bones 骨骼，并将对象属性设置为线框显示模式，如图 2-18 所示。然后利用 ✛（选择并移动）工具、 ↻（选择并旋转）工具和 ◩（选择并匀称缩放）工具，在前视图和左视图中将骨骼和腿部装备匹配对齐。注意，男角色腿部的装备模型也是左右对称的，因此在匹配骨骼时只需匹配好其中的一侧即可，匹配后的效果如图 2-18 所示。

图 2-18　创建腿部装备的骨骼

（2）复制腿部装备的骨骼。方法：按住【Shift】键的同时，选中并拖动装备的骨骼至另外一侧，在弹出的"克隆选项"对话框中选择"复制"单选按钮，然后单击"确定"按钮。接着单击工具栏中的 ⊮（镜像）按钮，在弹出的对话框中选择"镜像轴"为"X"轴，"克隆当前选择"组中选择"不克隆"单选按钮，单击"确定"按钮。最后利用 ✛（选择并移动）工具将骨骼和肩部装备模型对齐，匹配好骨骼的腿部装备模型如图 2-19 所示。

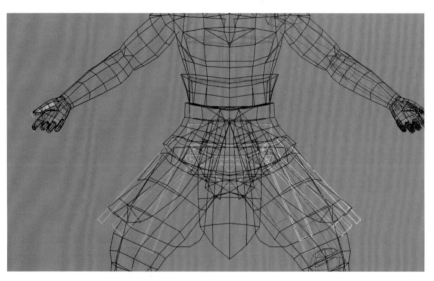

图 2-19　复制腿部装备的骨骼

（3）创建围裙装备的骨骼，然后将其与模型匹配，效果如图 2-28 所示。

图 2-20 创建并匹配后面围裙装备的骨骼

（4）创建腰部后面装备的骨骼，然后将其与模型匹配，效果如图 2-21 所示。

（5）为男角色腰部前面的带子创建骨骼，并将对象属性设置为线框显示模式。然后利用
（选择并移动）工具、（选择并旋转）工具和（选择并匀称缩放）工具将左侧的骨骼
和带子进行匹配对齐，操作时要注意在前视图和左视图中进行，如图 2-22 所示。

图 2-21 创建并匹配腰部后面装备的骨骼

（6）复制腰部的骨骼。方法：按住【Shift】键的同时，选中并拖动带子骨骼至另外一侧，
在弹出的"克隆选项"对话框中选择"复制"单选按钮，单击"确定"按钮，如图 2-31 所示，
接下来单击（镜像）按钮，然后从弹出的对话框中选择"镜像轴"为"X"轴，"克隆当前
选择"组中选择"不克隆"单选按钮，单击"确定"按钮，如图 2-23 所示。最后利用（选
择并移动）工具将骨骼和带子对齐。匹配好骨骼的带子模型如图 2-24 所示。

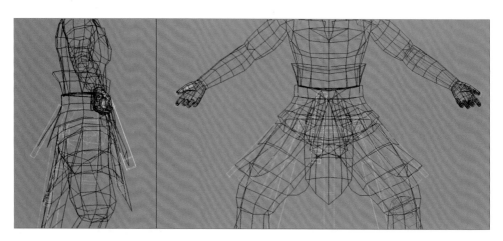

图 2-22　创建并匹配腰部前面带子的骨骼

图 2-23　"克隆选项"对话框

图 2-24　"镜像"对话框

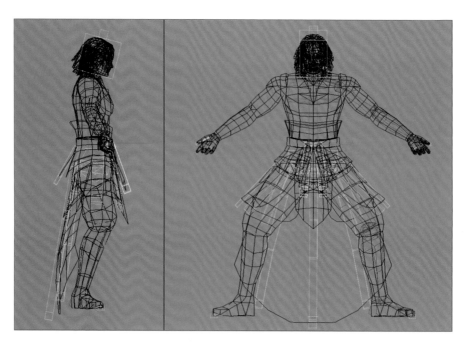

图 2-25　匹配好腰部带子的骨骼

（7）切换到左视图，单击 （创建）面板下 （系统）中的"骨骼"按钮，在男角色前面围裙上面创建 1 根 2 节的骨骼。然后将骨骼的显示属性改变为线框模式。接着利用 （选择并移动）工具、 （选择并旋转）工具和 （选择并匀称缩放）工具将创建的骨骼与男角色前面的围裙匹配对齐，如图 2-26 所示。

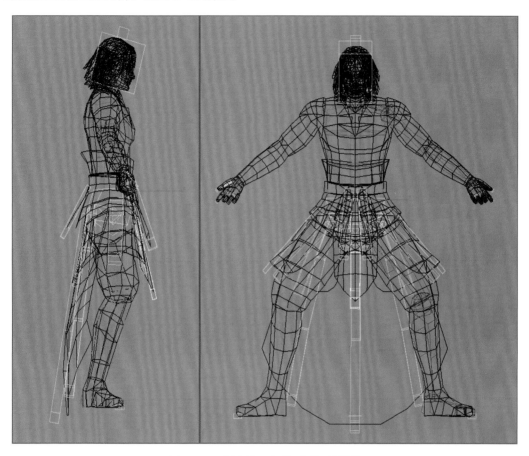

图 2-26　创建并匹配前面围裙的骨骼

2.1.7　骨骼的链接

完成骨骼与模型的匹配后，需要对 Bones 骨骼与 Character Studio 骨骼进行链接，确保在调节男角色的动作时，两种骨骼不会产生脱节。比如调节腿部的动作，就需要两种骨骼（腿部的 Character Studio 骨骼和腿部装备的 Bones 骨骼）共同的作用。

（1）同时选中前面腰部两侧的带子（Bones 骨骼），然后利用 （选择并链接）工具将 Bones 骨骼链接到身体的第三节脊椎骨骼上，如图 2-27（a）所示。接着选中腰部后面的装备骨骼，利用 （选择并链接）工具将 Bones 骨骼链接到身体的第三节脊椎骨骼上，如图 2-27（b）所示。

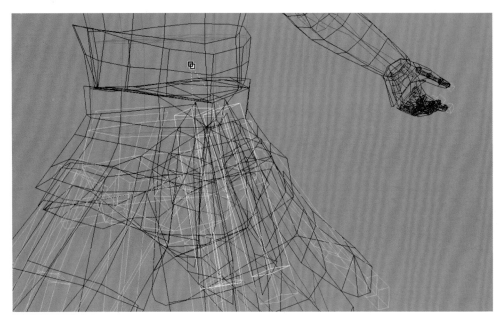

（a）将前面腰部装备骨骼链接到脊椎骨骼

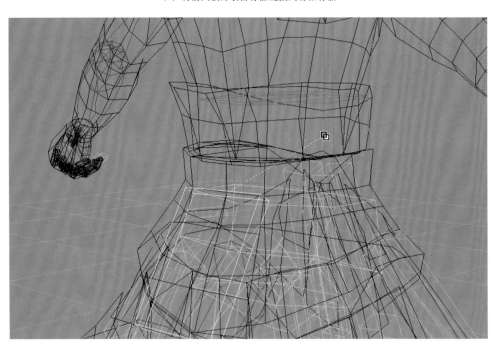

（b）将后面腰部装备骨骼链接到脊椎骨骼

图 2-27 将腰部装备骨骼链接到第三节脊椎骨骼

（2）将男角色的围裙装备和腿部装备的骨骼链接到 Character Studio 骨骼上。首先选中围裙装备骨骼，然后利用 （选择并链接）工具将围裙装备的骨骼链接到臀部骨骼，如图 2-28（a）所示。接着选中腿部装备骨骼，利用 （选择并链接）工具链接到臀部骨骼，如图 2-28（b）所示。

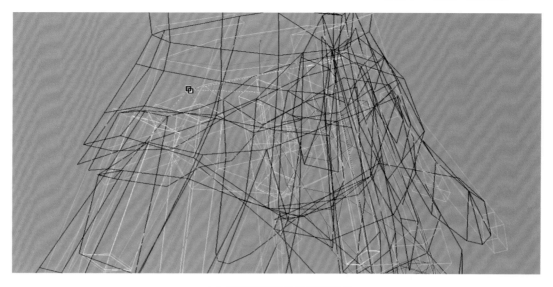

（a）链接围裙装备骨骼到臀部骨骼

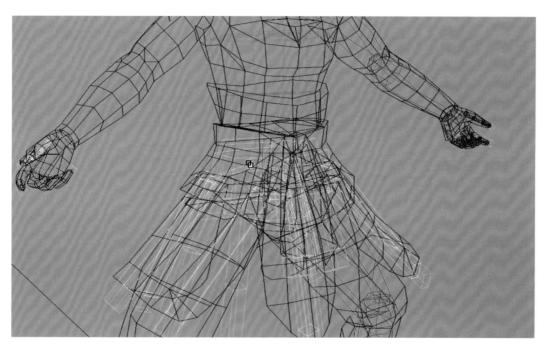

（b）链接腿部装备骨骼到臀部骨骼

图 2-28　链接到骨骼

（3）最终，完成了男角色模型的骨骼设定，如图 2-29 所示。执行菜单中的"文件"|"另存为"命令，将其另存为"男角色骨骼绑定 .max"文件。

图 2-29　完成男角色的骨骼设定

2.2　男角色的蒙皮设定

　　Skin 蒙皮的优点是可以自由地选择 Bones 进行蒙皮，调节权重也十分方便，并且可以镜像权重，只要做好一半的蒙皮就可以通过镜像完成全部的身体蒙皮。本节内容分为添加蒙皮修改器、调节封套、调节头部蒙皮、调节装备蒙皮、调节四肢蒙皮、调节身体蒙皮 6 个部分。

2.2.1　添加蒙皮修改器

　　（1）打开 2.1 节设定好骨骼的"男角色骨骼绑定 .max"文件（该文件为"配套资源／MAX／第 2 章　男角色的动画制作／男角色骨骼绑定 .max"），然后选择全部的模型，单击　（修改）面板，在修改器下拉菜单中选择"蒙皮"修改器，如图 2-30 所示。

　　（2）单击　（修改）面板下的"添加"按钮，从弹出的"选择骨骼"对话框的列表中选择全部骨骼，如图 2-31 所示，单击"选择"按钮。

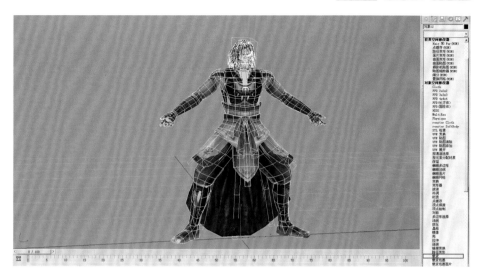

图 2-30　为完成骨骼设定的模型添加"蒙皮"修改器

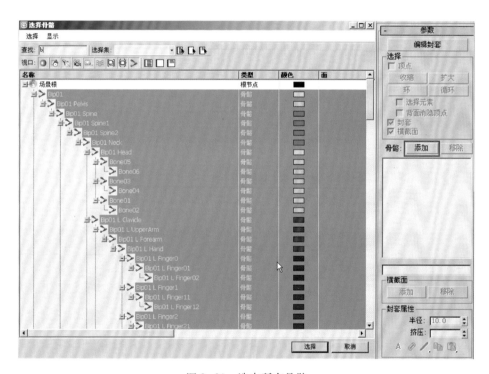

图 2-31　选中所有骨骼

2.2.2　调节封套

为骨骼指定"蒙皮"修改器后，还不能调节男角色的动作。因为这时骨骼对模型顶点的影响范围是不合理的，在调节动作时会使模型变形和拉伸。为了避免这种错误，在调节之前要先使用"编辑封套"的方式改变骨骼对模型的影响范围，为下一步的操作做好准备。

（1）选中骨骼，激活"编辑封套"按钮，然后选中"顶点"复选框，如图 2-32 所示。

（2）调节上臂封套。方法：选择上臂封套，一般它的默认影响范围值会偏大一些，这时将它调小至最佳影响范围，如图 2-33（a）所示，然后单击 （复制封套）按钮复制封套，接着选择另外一边的手臂封套，单击 （粘贴封套）按钮，将调整为最佳影响范围的上臂封套复制到对称的另一边，如图 2-33（b）所示。

图 2-32 进入"编辑封套"状态

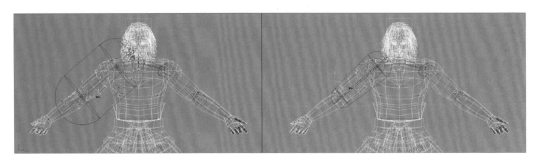

（a）调节封套的影响范围

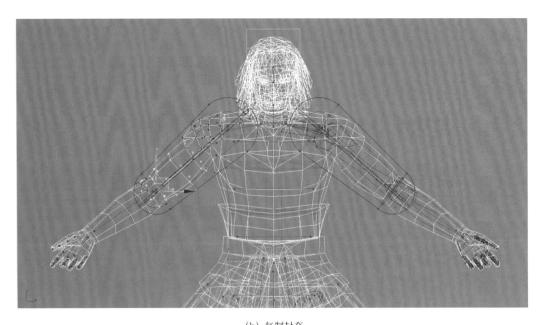

（b）复制封套

图 2-33 调节上臂封套

（3）选择前臂封套，拖动图 2-34（a）中 A 所示的调节点，将默认影响范围值调整为最佳。然后参照上臂封套制作方法，将调整为最佳影响范围的前臂封套复制到对称的另一边，如图 2-34（b）所示。

（4）同理，选择并调整一边手掌封套，如图 2-35（a）所示。然后将其复制到对称的另一边，如图 2-35（b）所示。

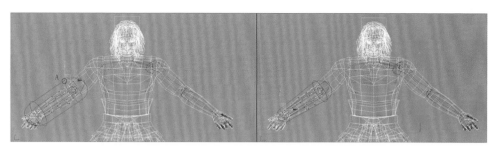

（a）调节并复制前臂封套

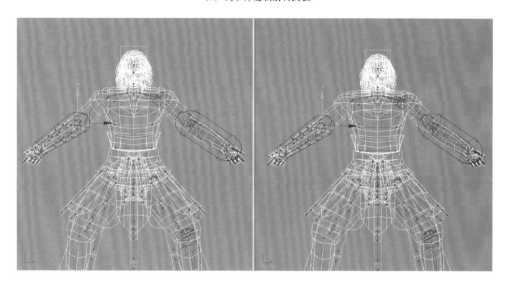

（b）前臂封套复制效果

图 2-34　调节前臂封套

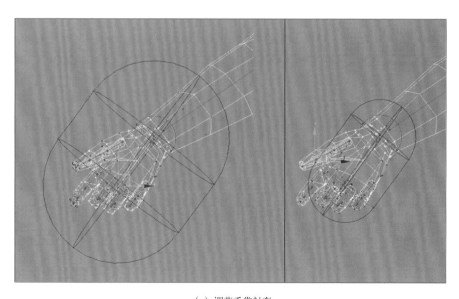

（a）调节手掌封套

图 2-35　调节手掌封套

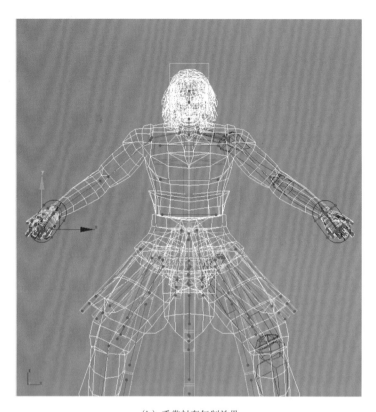

（b）手掌封套复制效果

图 2-35 调节手掌封套（续）

（5）调节大腿封套。通过观察模型发现，男角色的模型腿部装备和大腿交接处的顶点距离很近，如图 2-36（a）红色圆圈所示。在调整大腿的封套时，要注意封套影响范围值的调整，避免出现互相影响的问题，调整后的封套范围如图 2-36（b）所示。最后将调整好的封套复制到对称的另一边，如图 2-36（c）所示。

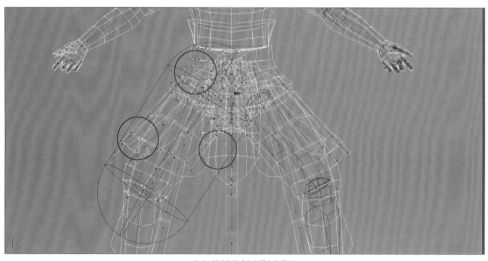

（a）错误的封套影响范围

图 2-36 调节大腿封套

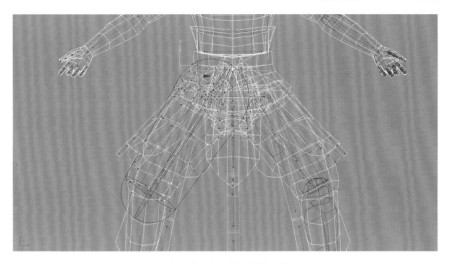

（b）调节为合理的封套影响范围

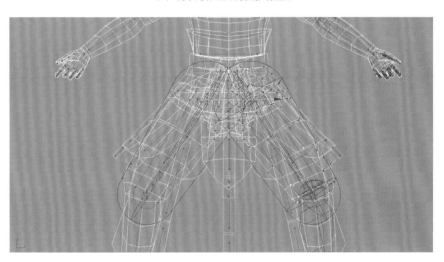

（c）腿部封套复制效果

图 2-36　调节大腿封套（续）

（6）调节小腿封套。调节小腿封套时需注意处理好脚掌与小腿封套影响范围值的关系，如图 2-37（a）所示。然后将调整好的小腿封套复制到对称的另一边，如图 2-37（b）所示。

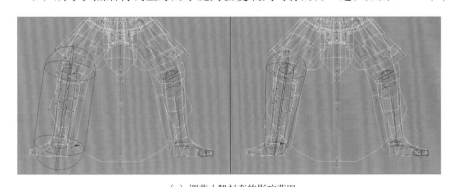

（a）调节小腿封套的影响范围

图 2-37　调节小腿封套

第 2 章　男角色的动画制作

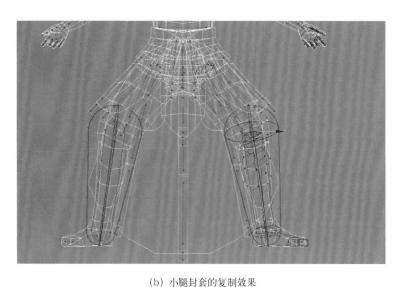

（b）小腿封套的复制效果

图 2-37　调节小腿封套（续）

（7）调节脚掌和脚趾的封套。此时脚掌和脚趾的封套影响范围是错误的，如图 2-38（a）所示。调节脚掌、脚趾的封套，调整后的封套范围如图 2-38（b）所示。然后将其复制到对称的另一边。

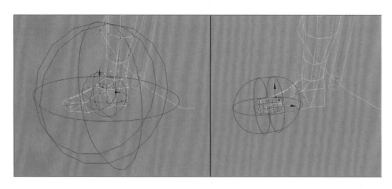

（a）不合理的封套影响范围

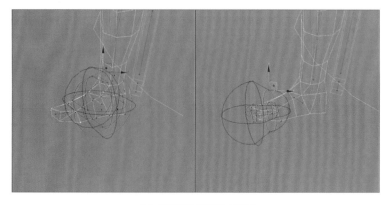

（b）调节后的封套影响范围

图 2-38　调节脚掌和脚趾的封套

（8）调节头部封套，调节过程如图 2-39 所示。

（9）调节颈部封套，调节过程如图 2-39 所示。

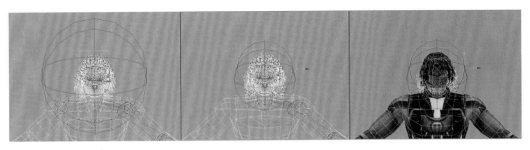

（a）调节头部封套过程

（b）调节颈部封套过程

图 2-39　调节头部和颈部封套

（10）调节身体的封套。将男角色的身体模型分成第一、第二、第三段脊椎和髋部四部分，在调节封套时，按照四个组成部分调节，注意手臂附近封套的影响范围。图 2-40 为调节前不合理的男角色髋部封套显示效果，图 2-41 为调节后合理的男角色髋部封套显示效果。图 2-42 为调节前不合理的男角色第三段脊椎封套显示效果，图 2-43 为调节后合理的男角色第三段脊椎封套显示效果。图 2-44 为调节前不合理的男角色第二段脊椎封套显示效果，图 2-53 为调节后合理的男角色第二段脊椎封套显示效果。图 2-45 为调节前不合理的男角色第一段脊椎封套显示效果，图 2-46 为调节后合理的男角色第一段脊椎封套显示效果。

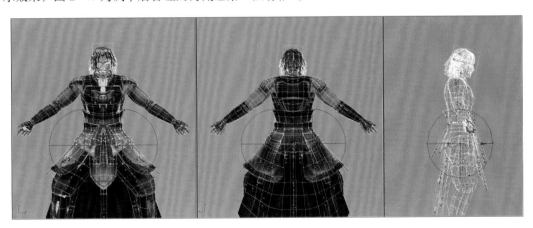

图 2-40　不合理的男角色髋部封套

图 2-41　调节后的男角色髋部封套

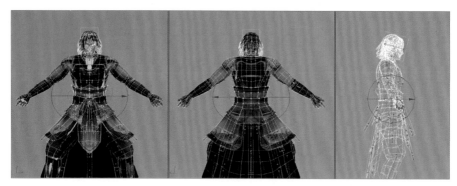

图 2-42　不合理的男角色第三段脊椎封套

图 2-43　调节后的男角色第三段脊椎封套

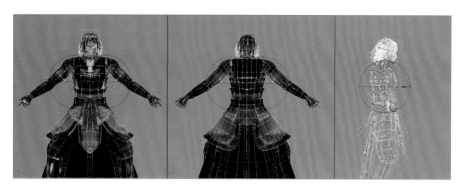

图 2-44　不合理的男角色第二段脊椎封套

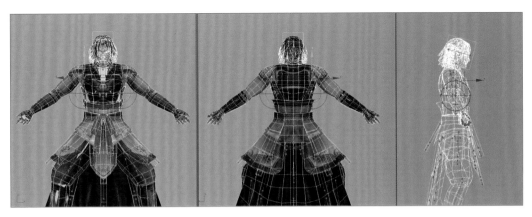

图 2-45　调节后的男角色第二段脊椎封套

图 2-46　不合理的男角色第一段脊椎封套

图 2-47　调节后的男角色第一段脊椎封套

💧 提 示

　　封套分为内封套和外封套两种，可以在选择了控件后手动调整，也可以通过参数调整。
颜色呈暖色调，说明权重强；颜色呈冷色调，说明权重弱。

2.2.3 调节头部蒙皮

单击 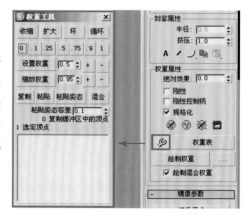（权重工具）按钮，弹出图 2-48 所示的"权重工具"对话框。调节头部的蒙皮，会发现不正确的显示，如图 2-49 中 A 部分圆圈处所示。利用 （权重工具）按钮将头部的顶点全部包括到头部，并把权重都设为"1"，这样头部在以后的运动中就不会变形，调整权重后的效果如图 2-50 中 B 部分所示。

图 2-48 设置"权重工具"

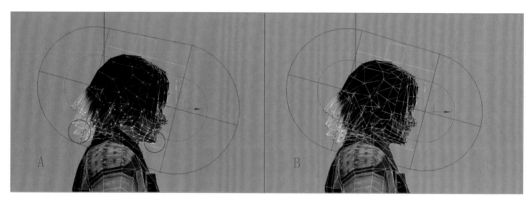

图 2-49 调节头部上端的权重

2.2.4 调节装备蒙皮

（1）因为男角色腰部后面的装备由 Bones 骨骼单独控制，所以在调节权重时，直接选中装备模型上的顶点，然后利用 （权重工具）按钮修改权重值即可。调节腰部后面装备的权重值为"1"，将其余部分权重值调节为"0"。调节权重前后的对比效果如图 2-50 所示。

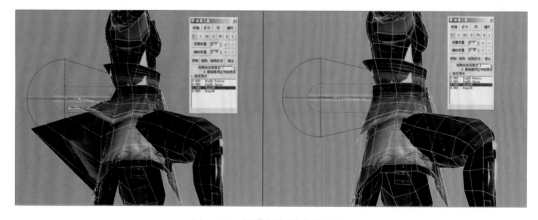

图 2-50 调节腰部装备的权重

（2）调节男角色前面腰部的装备权重。为了便于查看，给前面腰部装备添加一个简单的动画，发现错误权重的影响范围，如图 2-51（a）所示。调节权重时要注意不要影响到男角色前面的围裙装备，调节后的效果如图 2-51（b）所示。

（a）调节前的前面腰部装备

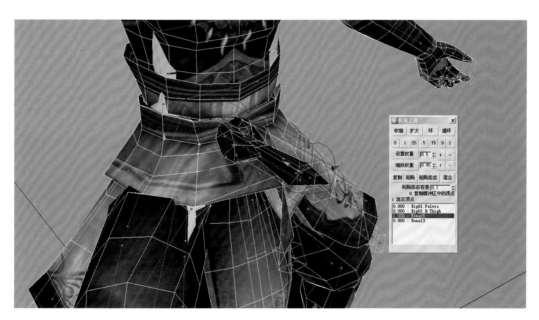

（b）调节后的前面腰部装备

图 2-51　调节前后的前面腰部装备对比

（3）同理，给左右围裙装备添加一个简单动画，发现模型变形，如图 2-52（a）所示。调节围裙装备的权重，调节时要注意不要影响到腿部的模型，将围裙装备骨骼对腿部的权重值设为"0"，如图 2-52（b）所示。

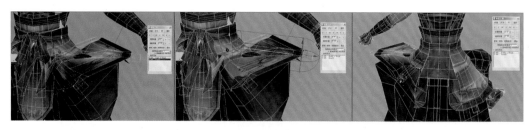

(a) 调节前的围裙装备权重

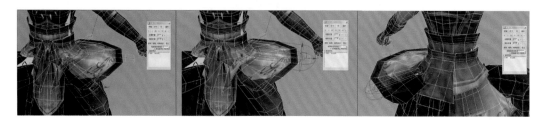

(b) 调节围裙装备权重

图 2-52　调节前后的围裙装备权重

提　示

因为左右围裙在模型中是对称的，所以只介绍了一边权重的调整。

（4）调节后面围裙的权重。首先调节后面左边围裙的权重，因为后面围裙左右两边的骨骼是对称的，所以只调节好一边再复制粘贴到对称的另一边即可。调整权重前的显示效果如图 2-53（a）所示，调整权重后的显示效果如图 2-53（b）所示。然后调整后面围裙的中间部分，调整权重前的显示效果如图 2-53（c）所示，调整权重后的显示效果如图 2-53（d）所示。

(a) 调节前左边围裙的显示效果

(b) 调节后左边围裙的显示效果

图 2-53　调节后面围裙的权重

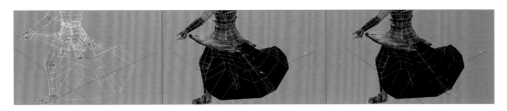

(c) 调节前围裙中间部分的显示效果

(d) 调节后围裙中间部分的显示效果

图 2-53　调节后面围裙的权重（续）

（5）调节前面围裙权重，调节效果如图 2-54 所示。

图 2-54　调节后前面围裙的显示效果

2.2.5　调节四肢蒙皮

1. 调整手臂的权重值

（1）单击 （权重工具）按钮，弹出图 2-55 所示的"权重工具"对话框。然后激活动画控制区中的"自动关键点"按钮，为上臂和肘部添加一个简单动画，发现手臂部分的模型有明显的拉扯变形，如图 2-56 所示。

💠 提　示

利用动画观察和调节蒙皮是比较直观有效的方法。

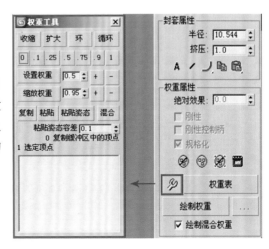

图 2-55　"权重工具"对话框

第 2 章　男角色的动画制作

47

图 2-56　模型出现拉扯变形

　　(2) 使用 ⚙ (权重工具) 按钮纠正手臂模型的变形问题。单击手臂部分的封套, 进入编辑状态, 选中影响范围不合理的顶点, 使用 ⚙ (权重工具) 按钮为其重新分配合理的权重值。考虑到手臂的动作比较多, 因此在分配权重值的时候, 需要细微地操作。首先选中上臂的顶点, 分配权重值为 "1", 如图 2-57 (a) 所示。然后依次选择前臂、手掌的顶点, 分别重新分配权重值为 "1", 如图 2-57 (b) 和图 2-57 (c) 所示。

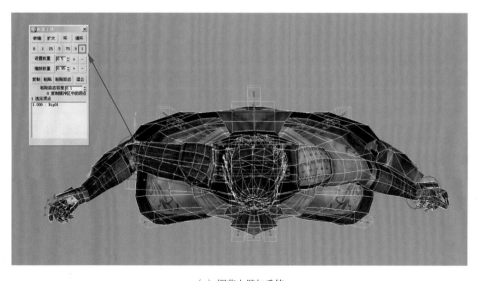

(a) 调节上臂权重值

图 2-57　调节手臂的权重值

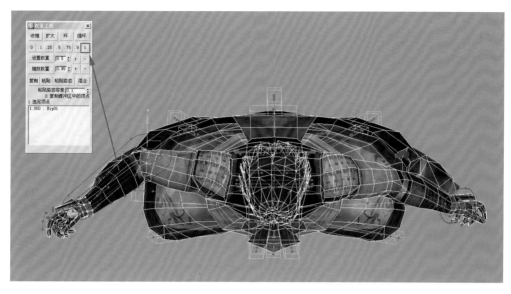

(b) 调节前臂的权重值

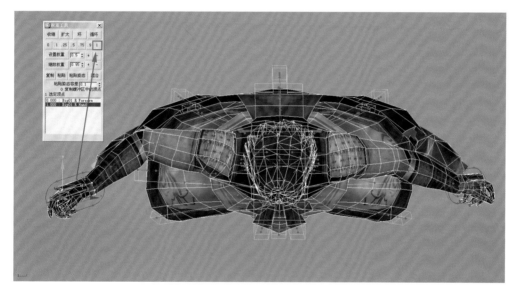

(c) 调节手掌的权重值

图 2-57 调节手臂的权重值（续）

提 示

在 3D 动画设定过程中，骨骼对模型顶点作用力的影响范围值非常重要。影响范围值越精确，模型的动作也越精准。通常在完成模型的骨骼设定后，就可以为模型添加"蒙皮"修改器，然后使用"编辑封套"来控制每段骨骼对相应模型顶点的影响范围值，❷（权重工具）按钮则决定了每段骨骼对相应模型的每个顶点的精确控制程度。在使用❷（权重工具）按钮调节模型的权重值时，将"权重工具"对话框中默认权重值的使用设定如下：主体部分权重值设为"1"，关节部位权重值一般设为"0.5"左右，然后再根据实际情况作细微调节。

（3）肘部、手腕、手指等关节部位顶点的细节调整。关节部位一般把权重值设为"0.5"左右，根据动作调节实际要求，可以使用"权重工具"对话框中"设置权重"右边的"＋""－"微调按钮调整权重值大小，调节效果如图 2-58 所示。

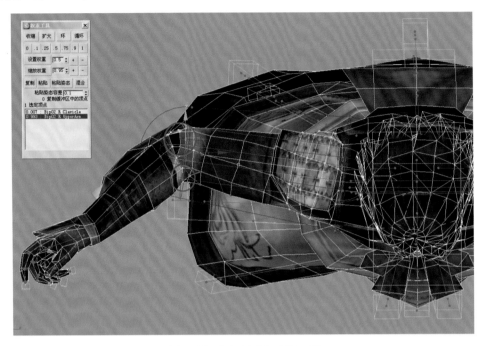

(a) 细微调节手臂关节部分的权重值

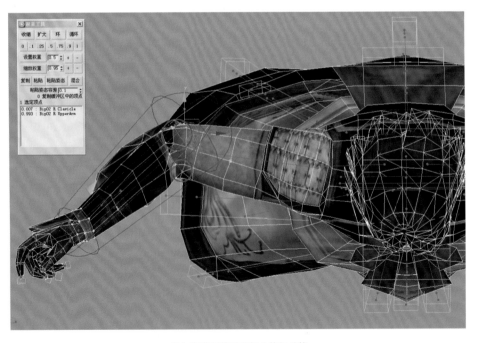

(b) 调节后的手臂部分的权重值

图 2-58 细微调整手臂部分的权重值

2．调节腿部的权重值

（1）同理，处理腿部的变形。调整时，首先调整大腿的权重，此时变形部位如图 2-67 中 A 部分的红色圆圈所示。将大腿骨骼权重值设为 0，然后参照手臂权重的调整步骤，细微调节膝盖部分的权重值，调整结果如图 2-59 中 B 部分所示。

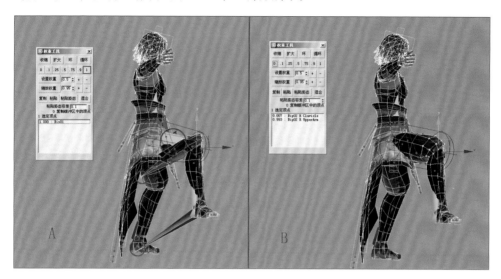

图 2-59　调节大腿的权重值

（2）调整小腿部分的权重值，此时变形部位如图 2-60 中 A 部分的红色圆圈所示。将小腿部分的权重值进行重新调整，然后细微调节膝盖部分的权重值，纠正变形，调整结果如图 2-60 中 B 部分所示。

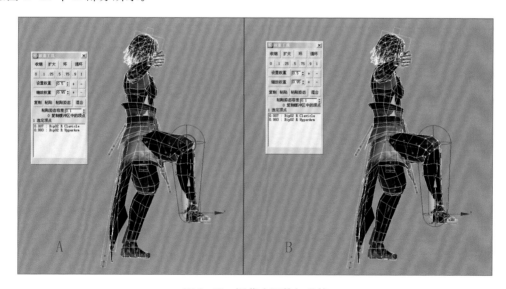

图 2-60　调节小腿的权重值

3．调节手掌部分的权重值

为手掌添加一个简单的动画，观察变形部位，如图 2-61 所示。然后调节权重值，调节后

第 2 章　男角色的动画制作

的效果如图 2-62 所示。

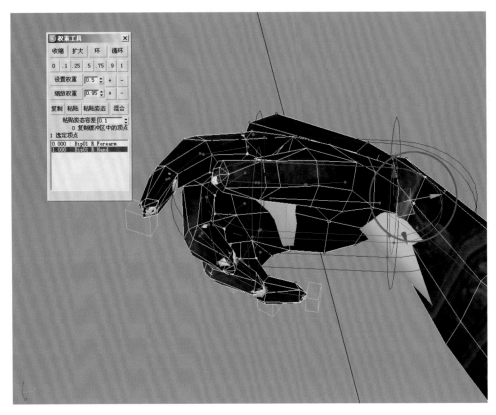

图 2-61　手掌变形部位

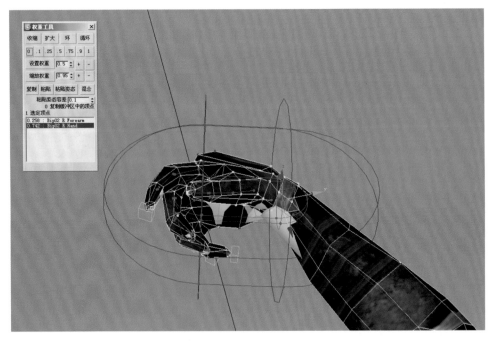

图 2-62　调节权重值后的手掌显示效果

4．调节手指关节的权重值

接下来同样为手指添加一个简单的动画，然后进行权重的调节。手指关节调节比较复杂，每根手指的关节要分别做一次简单动画，再单独调节权重值。

（1）调节小指的权重值。调节前的效果如图 2-63 （a）所示，调节后的效果如图 2-63 （b）所示。

（a）调节前小指的显示效果

（b）调节后小指的显示效果

图 2-63　调节小指的权重值

（2）调节无名指的权重值。调节前的效果如图 2-64 （a）所示，调节后的效果如图 2-64 （b）所示。

（a）调节前无名指的显示效果

（b）调节后无名指的显示效果

图 2-64　调节无名指的权重值

（3）调节中指的权重值。调节前的效果如图 2-65（a）所示，调节后的效果如图 2-73（b）所示。

(a) 调节前中指的显示效果

(b) 调节后中指的显示效果

图 2-65 调节中指的权重值

（4）剩下两根手指的权重值调节同上面三根手指的方法是一样的，此处不再赘述。

5. 调节脚掌的权重值

（1）为脚掌添加一个简单的动画，观察变形部位，如图 2-66 示。

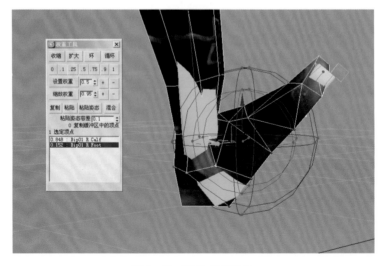

图 2-66 脚掌变形部位

（2）调节脚掌部分的权重值，纠正模型变形的问题，调节后的效果如图 2-67 所示。

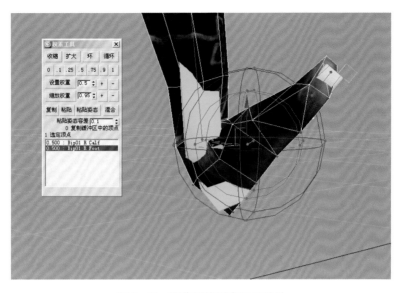

图 2-67　调节后的脚掌显示效果

6. 调节脚趾的权重值

由于男角色每只脚有一只脚趾，可参照手指关节权重值的调整方法。给男角色脚趾添加一个简单的动画，观察拉伸部位，并调节脚趾的权重值，纠正拉伸变形问题。调节前的效果如图 2-76（a）所示，调节后的效果如图 2-68（b）所示。

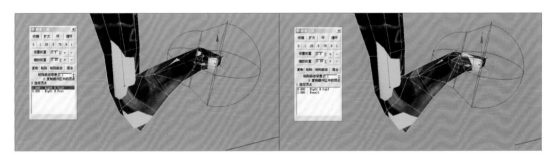

（a）调节前的显示效果　　　　　　　　　　（b）调节后的显示效果

图 2-68　调节男角色脚趾的权重值

2.2.6　调节身体蒙皮

身体蒙皮的调整可以参考装备的调整思路。将身体分为一、二、三段脊椎和髋部四部分。

（1）调节髋部模型的权重。方法：在"蒙皮"参数面板，选中"顶点"和"选择元素"复选框，然后单击髋部，选中全部相关顶点，此时可以看到不正确的权重值，如图 2-69（a）所示。接着使用 ✐（权重工具）按钮将顶点权重值设为"1"，此时可以看到代表权重影响值的颜色显示为红色，表示权重影响范围正确，效果如图 2-69（b）所示。

第 2 章　男角色的动画制作

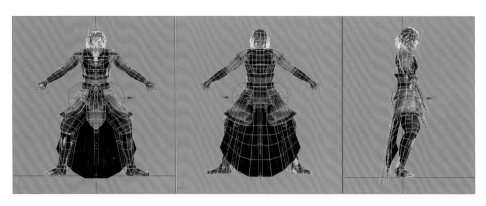

（a）调节前髋部模型的显示效果

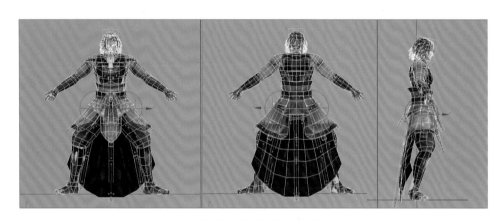

（b）调节后髋部模型的显示效果

图 2-69　调节髋部模型的权重

（2）同理，调节第三段脊椎权重，调节前不正确的权重值显示效果如图 2-70（a）中圆圈处所示，调节权重后，正确权重值的显示效果如图 2-70（b）所示。

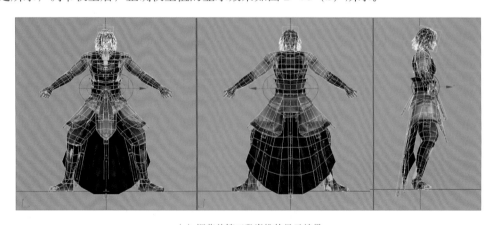

（a）调节前第三段脊椎的显示效果

图 2-70　调节第三段脊椎权重

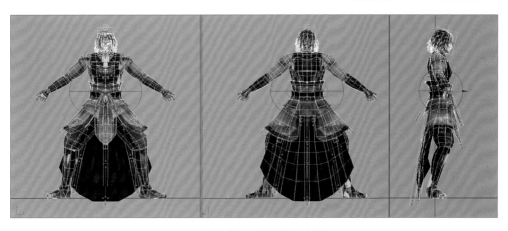

图 2-70　调节第三段脊椎权重（续）

（3）调节第二段脊椎权重。调节前不正确的权重值的显示如图 2-71（a）所示，调节后正确权重值的显示效果如图 2-71（b）所示。

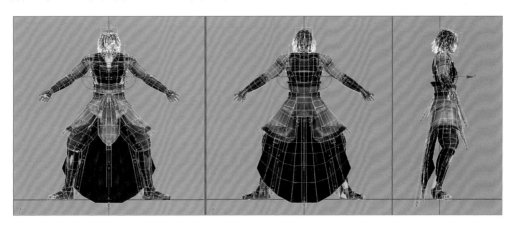

（a）调节前第二段脊椎的显示效果

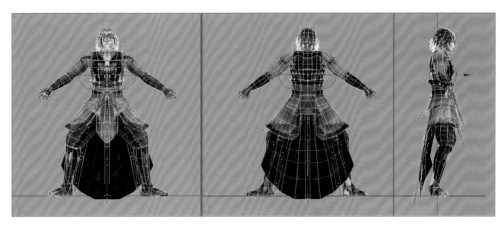

（b）调节后第二段脊椎权重后的显示效果

图 2-71　调节第二段脊椎权重

第 2 章　男角色的动画制作

57

（4）调节第一段脊椎权重。调节前不正确的权重值的显示效果如图 2-72（a）所示，调节后正确权重值的显示效果如图 2-72（b）所示。

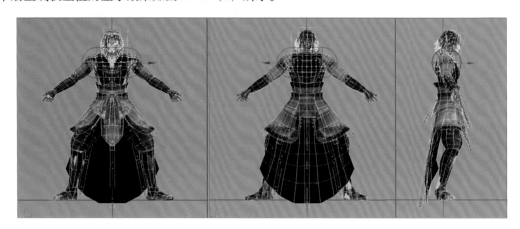

（a）调节前第一段脊椎的显示效果

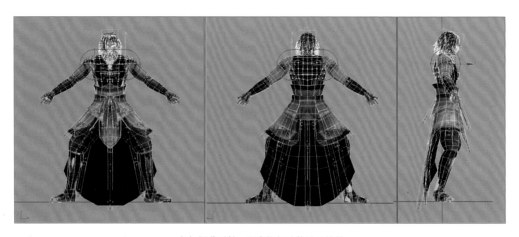

（b）调节后第一段脊椎权重的显示效果

图 2-72　调节第一段脊椎权重

（5）至此，男角色蒙皮权重调整完毕，执行菜单中的"文件"|"另存为"命令，将其保存为"男角色蒙皮 .max"文件。

2.3　男角色的动作

本节包括男角色的行走动作、男角色的攻击动作、男角色的战斗待机动作、男角色的战斗休闲动作、男角色的被击中动作、男角色的死亡动作等六个部分。

Character Studio 的 Motion 系统可以看成是一套独立的动画调整工具，它提供了许多方便的工具供动画制作者使用，例如，"脚板"与"手腕"定位工具。通过这些工具，动画制作者能轻松地制作出脚踩地面或手拉物品的定位动作。Character Studio 的骨骼动作可单独存储成动画资料，以便让动画制作者修正、混合或重复使用。

Motion 系统还有两个非常重要的工具，即 Motion Flow 及 Mixer 工具。这两个工具可

以让动画制作者将两个以上的不同动作来达到动画的需求，这会使动画制作时间缩短；当然，前提是动画制作者有足够多的 Bip 动作资料库可以运用。

这一节学习男角色的几个最基本常用的动作，帮助读者掌握男角色动画的制作流程。

2.3.1　男角色的行走动作

步行动画是游戏动画里使用最多的动画，基本上游戏中的两足角色都会用到，所以步行动画的制作方法是最基本的知识。

（1）观察一个 32 帧人物步行动画的时间和帧数分配，同时注意人物身体各部分的变化，如图 2-73 所示。

图 2-73　男角色步行动画示范

（2）打开存放于"配套资源／ＭＡＸ／第 2 章　男角色的动画制作／男角色行走动作源文件 .max"文件，然后单击动画控制区中的"自动关键点"按钮，选择除了男角色双脚的全身的 Biped。再确定时间滑块为第 0 帧，打开 ◎（运动）命令面板，单击"关键点信息"卷展栏下的 ●（设置关键点）按钮，如图 2-74 所示，为全身都打上了关键帧。接着选择脚，单击 ●（设置踩踏关键点）按钮，如图 2-75 所示，将脚固定在地面上。调整后的男角色姿态如图 2-76 所示。

图 2-74　设置关键点

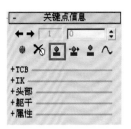

图 2-75　设置踩踏关键点

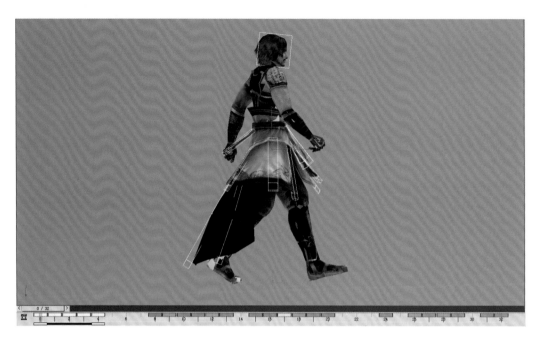

图 2-76　男角色步行初始动作

（3）设置时间滑块的长度。右击动画控制区中的▶（播放动画）按钮，从弹出的"时间配置"对话框中设置"结束时间"为"60"，从而使时间轴的总长度延长到 60 帧，如图 2-77 所示。

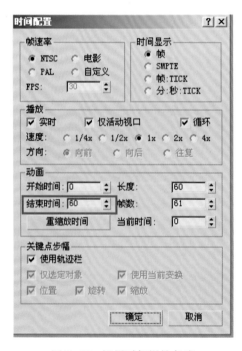

图 2-77　设置时间滑块长度

（4）将时间滑块拨动到第 4 帧，然后调整双脚的位置，让右脚在空中，重心稍微上升，如图 2-78 所示。

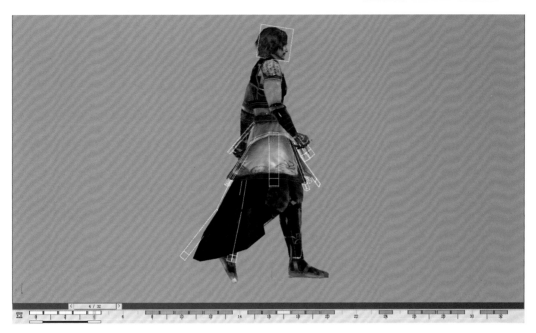

图 2-78　男角色步行动画的第 4 帧动作

（5）将时间滑块拨动到第 8 帧，调整双脚的位置，使右脚还在空中，重心稍稍上升，如图 2-79 所示。

图 2-79　男角色步行动画的第 8 帧动作

（6）将时间滑块拨动到第 12 帧，调整双脚的位置，使右脚还在空中，重心稍稍下降，如图 2-80 所示。

图 2-80　男角色步行动画的第 12 帧动作

（7）将时间滑块拨动到第 16 帧，调整双脚的位置，使左脚在空中，重心稍稍下降，如图 2-81 所示。

图 2-81　男角色步行动画的第 16 帧动作

⊕ 提　示

其实第 16 帧的动作基本上和第 0 帧是一样的，只是左右脚换了位置。

（8）将时间滑块拨动到第 20 帧，调整双脚的位置，使左脚在空中，重心稍稍上升，如图 2-82 所示。

图 2-82　男角色步行动画的第 20 帧动作

⊕ 提　示

　　其实第 20 帧的动作基本上和第 4 帧是一样的，只是左右脚换了位置。

（9）将时间滑块拨动到第 24 帧，调整双脚的位置，使左脚在空中，重心稍稍上升，如图 2-83 所示。

图 2-83　男角色步行动画的第 24 帧动作

⊕ 提　示

　　第 24 帧的动作基本上和第 8 帧是一样的，只是左右脚换了位置。

（10）将时间滑块拨动到第 28 帧，调整双脚的位置，使左脚还在空中，重心稍稍下降，如图 2-84 所示。

图 2-84　男角色步行动画的第 28 帧动作

💧 提　示

　　第 28 帧的动作基本上和第 12 帧是一样的，只是左右脚换了位置。

（11）选中全部骨骼，按下【Shift】键，将第 0 帧关键帧复制到第 32 帧，如图 2-85 所示。

图 2-85　制作男角色步行的循环动画

因为行走动作是一个循环动作，所以第 0 帧和第 32 帧关键帧是一样的。

（12）执行菜单中的"文件"|"另存为"命令，将其另存为"男角色行走动作结果 .max"
文件。

2.3.2　男角色的攻击动作

攻击动画是游戏中最常用动画，基本上每个角色都会用到攻击动画，这一节学习攻击动
画的制作方法。

（1）打开存放于"配套资源 /MAX/ 第 2 章 男角色的动画制作 / 男角色攻击动作源文件 .max"
文件。

（2）将时间轴的总长度设为 45 帧。右击动画控制区中的 ▶ （播放动画）按钮，在弹出的"时
间配置"对话框中，将动画组的"结束时间"设为 45，如图 2-86（a）所示，单击"确定"按钮。
然后打开记录攻击动作的起始动作，如图 2-86（b）所示。

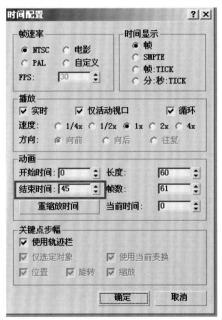

(a) 设置动画时间

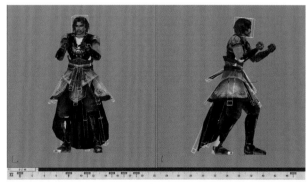

(b) 第 0 帧起始动作

图 2-86　设置时间轴的总长度

（3）单击"自动关键点"按钮，然后将时间滑块拨动到第 8 帧，稍稍向后调节身体和重心，
将绿色手臂向上抬起，蓝色手臂向前伸出，并调节装备，从而调节出一个准备进攻的姿态。
接着给脚再设置一个踩踏关键点，如图 2-87 所示。

第 2 章　男角色的动画制作

65

图 2-87　记录男角色攻击动作的第 8 帧

（4）将时间滑块拨动到第 11 帧，然后将身体向前倾并旋转，重心稍稍向前移动，绿色手臂向前伸出，蓝色手臂向后移动，并调节装备，如图 2-88 所示。

图 2-88　记录男角色攻击动作的第 11 帧

（5）将时间滑块拨动到第 19 帧，然后将身体继续向前倾并旋转，重心稍稍向前移动，绿色手臂向前伸出，蓝色手臂向后移动，并调节装备，如图 2-89 所示。

图 2-89　记录男角色攻击动作的第 20 帧

（6）从选择集中选择全部骨骼，再选择第 0 帧上的关键帧，按住【Shift】键，沿红色箭头方向拖动关键帧到最后一帧，从而将第 0 帧复制到第 20 帧，如图 2-90 所示。男角色的动作无限循环地衔接起来。

（7）执行菜单中的"文件"|"另存为"命令，将其另存为"男角色攻击动作结果 .max"文件。

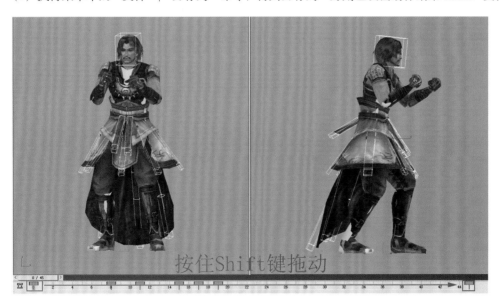

按住Shift键拖动

图 2-90　复制关键帧衔接动画

2.3.3　男角色的战斗待机动作

战斗待机动作是常用的一个动作，是角色的一种站立状态，先从这个简单的动作开始着手，这样便于读者理解，如图 2-91 所示。

第0帧　　　第12帧　　　第24帧　　　第36帧　　　第48帧

图 2-91　男角色的战斗待机动作

(1) 打开"配套资源 /MAX/ 第 2 章　男角色的动画制作 / 男角色战斗待机动作源文件 . max"文件。然后选择男角色除双脚外的全身的 Biped，再确定时间滑块是第 0 帧，打开 ◎（运动）命令面板，单击"关键点信息"卷展栏的 ◉（设置关键点）按钮，如图 2-92 所示，从而为全身都打上关键帧。接着选择脚，单击 ▲（设置踩踏关键点）按钮，如图 2-93 所示，从而将脚固定在地面上。

(2) 设置时间滑块的时间，右击 ▶（播放动画）按钮，在弹出的"时间配置"窗口中设置"结束时间"为"48"，单击"确定"按钮，这样就把时间滑块长度设为 48 帧，如图 2-94 所示。

图 2-92　设置关键点

图 2-93　设置踩踏关键点

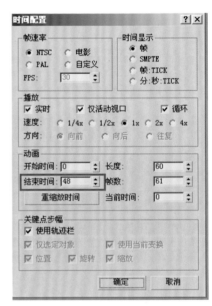

图 2-94　设置时间滑块长度

(3) 从选择集中选择 Biped，即选中整个两足动物的骨骼，再选择第 0 帧上的关键帧并按住【Shift】键，如图 2-95 所示，沿红色箭头方向把关键帧拖动到最后一帧，将第 0 帧内容复制到第 48 帧，使动画衔接起来。

(4) 单击"自动关键点"按钮，把时间滑块拨动到第 12 帧，把中心点"Bip01"向下调低一点，脊椎向下弯一点。即制作完成男角色在第 12 帧的姿势，如图 2-96 所示。

图 2-95　复制关键帧衔接动画

图 2-96　男角色第 12 帧的姿势

（5）把时间滑块拨动到第 24 帧，把中心点"Bip01"再向下调低一点，脊椎向下弯一点。即制作完成男角色在第 24 帧的姿势，如图 2-97 所示。

（6）把时间滑块拨动到第 36 帧，把中心点"Bip01"再向上调高一点，脊椎伸直。即制作完成男角色在第 36 帧的姿势，如图 2-98 所示。

69

第 2 章　男角色的动画制作

图 2-97　男角色第 24 帧的姿势

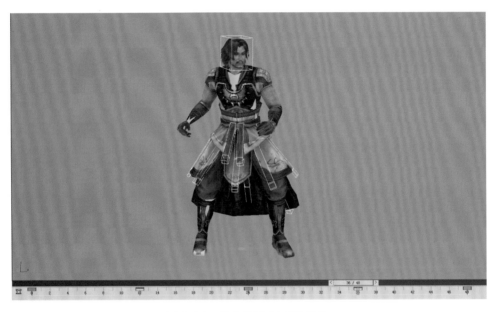

图 2-98　男角色第 36 帧的姿势

（7）单击▶.（播放动画）按钮播放动画，这时可以看到男角色身体的起伏，如果发现动作过于生硬，一般都是动作幅度过大造成的，做适当修改即可完成战斗待机动作。有兴趣的读者还可以再深入添加更多动作细节，比如手指的动画。

（8）完成后将文件保存为"男角色战斗待机动作结果 .max"文件。

2.3.4　男角色的战斗休闲动作

（1）打开"配套资源／MAX／第 2 章　男角色的动画制作／男角色战斗休闲动作源文件 .

max"文件,选择除了双脚的男性角色全身的Biped,再确定时间滑块是第0帧,打开  (运动)命令面板,单击"关键点信息"卷展栏的 ● (设置关键点)按钮,如图2-99所示,从而为全身都打上关键帧。接着选择脚,单击 ▲ (设置踩踏关键点)按钮,如图2-100所示,从而将脚固定在地面上。

(2)将时间轴的总长度设置为60帧。右击 ▶ (播放动画)按钮,在弹出的"时间配置"对话框中设置"结束时间"为"60",如图2-101所示,单击"确定"按钮。

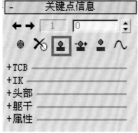

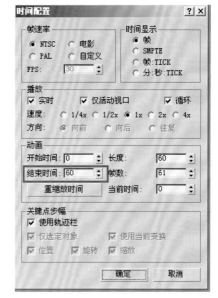

图2-99 设置关键点　　图2-100 设置踩踏关键点　　图2-101 设置时间滑块长度

(3)从选择集中选择Biped,从而选中整个两足动物的骨骼。然后选择第0帧上的关键帧,按住【Shift】键,沿红色箭头方向将关键帧拖动到最后一帧,从而将第0帧复制到第60帧,如图2-102所示,使动画衔接起来。

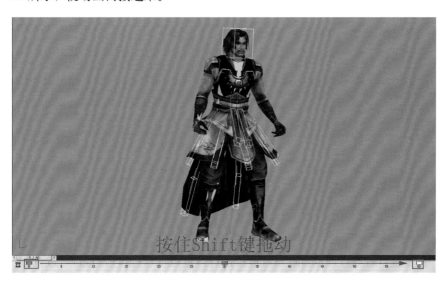

图2-102 复制关键帧衔接动画

71

（4）单击"自动关键点"按钮，将时间滑块拨动到第 30 帧，然后把中心点"Bip01"向下调低一点，脊椎向下弯一点，手张开一点，即完成了男角色在第 0 帧、第 30 帧、第 60 帧三个姿态，如图 2-103 所示。

图 2-103　记录关键帧

注意，这几帧男角色姿势的变化较小，不要调得幅度过大，防止造成运动过快。

（5）执行菜单中的"文件"|"另存为"命令，将其另存为"男角色战斗休闲动作结果文件.max"文件。

2.3.5　男角色的被击中动作

游戏中的角色如果有攻击动作，一般情况下就都会有被击中动作。被击中动作是指角色在游戏中被物理攻击和非物理攻击打中的动作。

（1）打开"配套资源／MAX／第 2 章　男角色的动画制作／男角色被击中受伤动作源文件.max"文件，然后设定动画时间长度为 35 帧。接着单击"自动关键点"按钮，记录第 0 帧时的动作姿态，如图 2-104 所示。

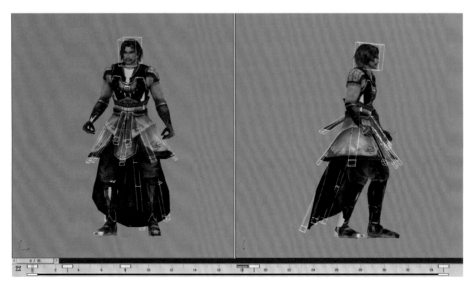

图 2-104　记录第 0 帧时的动作

（2）将时间滑块拨动到第 8 帧，把中心点 "Bip01" 再向上调高一点，脊椎向后弯曲，即完成了男角色在第 8 帧的姿态，如图 2-105 所示。

图 2-105　第 8 帧的姿势

（3）将时间滑块拨动到第 18 帧，把中心点 "Bip01" 再向下降低一点，脊椎向前弯曲，即完成了男角色在第 18 帧的姿势，如图 2-106 所示。

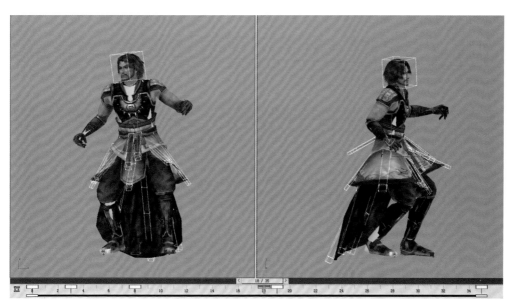

图 2-106　第 18 帧的姿势

（4）从选择集中选择 Biped，从而选中整个两足动物的骨骼。然后选择第 0 帧上的关键帧，按住【Shift】键，如图 2-107 所示，沿红色箭头方向把关键帧拖动到最后一帧，从而将第 0 帧复制到第 35 帧，使动画衔接起来。

第 2 章　男角色的动画制作

（5）执行菜单中的"文件"|"另存为"命令，将其另存为"男角色被击中受伤动作结果 .max"文件。

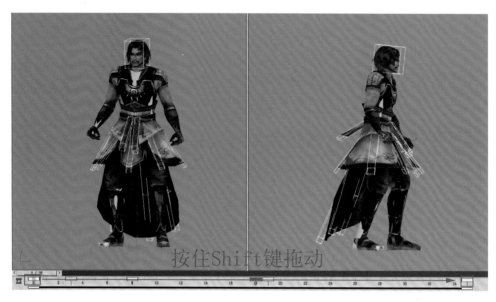

图 2-107　复制关键帧

2.3.6　男角色的死亡动作

死亡动画是一个不用循环的动画，这里将制作一个角色旋转后倒地的死亡动画。

（1）打开"配套资源 /MAX/ 第 2 章　男角色的动画 / 男角色倒地死亡源文件 .max"文件，然后将时间滑块调节到第 0 帧，单击"自动关键点"按钮。接着选择男角色的全部骨骼，开始记录第 0 帧时的男角色姿态，如图 2-108 所示。

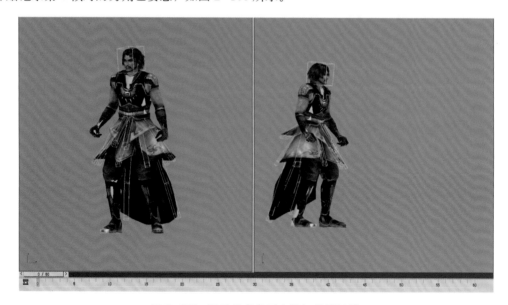

图 2-108　记录男角色死亡的初始关键帧

（2）把动画时间长度设为 60 帧，其中第 0 ~ 55 帧记录了男角色死亡倒地的动作，第 56 ~ 60 帧则为男角色倒地后静止的动作。

（3）制作角色将要倒地的动作。将时间滑块拨动到第 15 帧，然后调节角色重心，同时让男角色的两臂张开。身体向后倾斜，姿态如图 2-109 所示。

图 2-109　制作男角色倒地前的动作

（4）制作角色身体旋转着开始向地面倒下去的动作。将时间滑块拨动到第 30 帧，利用 （选择并移动）和 （选择并旋转）工具对 Biped 进行调整，男角色身体旋转并开始向地面倒下去的动作姿势如图 2-110 所示。

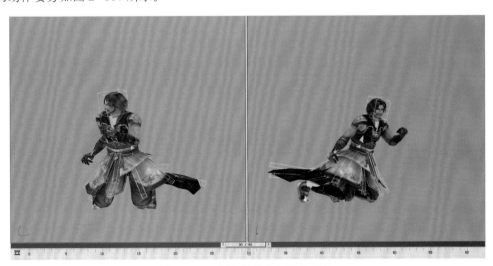

图 2-110　制作男角色倒地的动作

（5）制作角色身体平躺在地面的动作。将时间滑块拨动到第 55 帧，利用 （选择并移动）和 （选择并旋转）工具对 Biped 进行调整，男角色身体平躺在地面的动作姿势如图 2-111 所示。

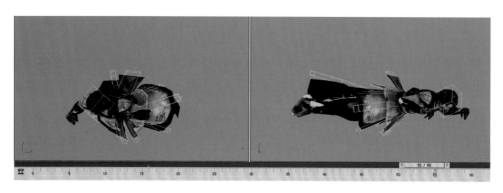

图 2-111　制作男角色倒地的第 55 帧动作

（6）至此，角色死亡的动作制作完成。在播放动画的时候，如发现动作幅度过大或不正确的地方，要及时调整。

（7）执行菜单中的"文件"|"另存为"命令，将其另存为"男角色倒地死亡结果 .max"文件。

课 后 练 习

一、填空题

1. 在游戏开发中，通常使用_____骨骼系统来创建骨骼。
2. 在 Skin 修改器中选中"顶点"可以选择_____。
3. 在 Skin 修改器中打开"封套"可以选择_____。

二、问答题

调整基础骨骼时，为什么要把模型冻结？

三、制作题

1. 创建一个骨骼，并熟悉编辑骨骼的每一种命令。
2. 利用本章实例模型，制作另一种男角色待机的动画。

第 **3** 章

女角色的动画制作

本章将继续使用 Character Studio 骨骼进行游戏女角色的动画制作。本例效果图如图 3-1 所示。通过本章学习，读者应掌握利用 Character Studio 骨骼搭配 Bones 制作动画的方法。

（a）女角色歇息动画

（b）女角色战斗待机动画

图 3-1　女角色动画效果图

(c) 女角色攻击动画

(d) 女角色倒地动画

图 3-1 女角色动画效果图 (续)

3.1 女角色的骨骼设计

女角色的动画制作过程分为 Character Studio 骨骼的创建适配、衣服骨骼设计、骨骼的链接三部分内容。

3.1.1 Character Studio 骨骼的创建适配

（1）启动 3ds Max 2016，打开"配套资源 / MAX / 第 3 章 女角色的动画 / 女角色 .max"文件，如图 3-2 所示。

图 3-2　打开女角色的文件

（2）单击 ▦（创建）面板下 ▦（系统）中的"Biped"按钮，然后在透视图中创建一个"Biped"两足角色——Bip01，如图 3-3 所示。

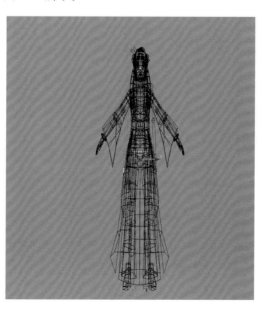

图 3-3　在透视图中创建一个二足角色

（3）选择女主角的全部模型，打开  （显示）面板取消选中"以灰色显示冻结对象"复选框，如图 3-4 所示，以便在冻结模型后模型不会显示成灰色。

（4）选择女主角全部的模型并右击，在弹出的快捷菜单中选择"冻结当前选择"命令，如图 3-5 所示，从而保证模型在操作过程中不会被误选。

（5）选择"Biped"两足角色的任何一个部分，然后单击 （体形模式）按钮，如图 3-6 所示，进入体形模式。

图 3-4 取消选中"以灰色显示冻结对象"复选框

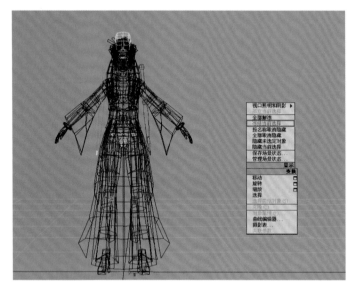

图 3-5 "冻结当前选择"命令

图 3-6 体形模式

（6）选择两足的轴心点，然后利用 （选择并移动）工具在前视图和左视图中把它移动到模型的中心位置上，并与人物的髋部中心对齐，如图 3-7 所示。

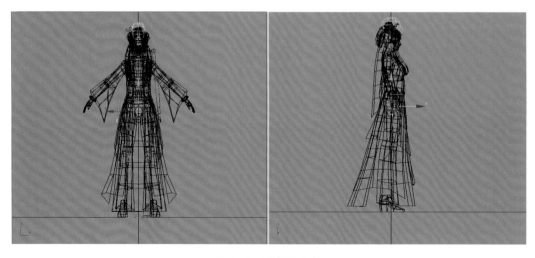

图 3-7 对齐轴心点

（7）打开 （修改）面板上的"结构"卷展栏，修改"Biped"
的结构参数，如图 3-8 所示，从而使"Biped"和模型更好
地匹配。

（8）选择绿色的右腿骨骼，然后在前视图和左视图中，
利用 （选择并移动）工具、 （选择并旋转）工具和 （选
择并匀称缩放）工具将腿部骨骼和模型对齐，注意膝盖的位
置一定要和模型匹配好。保证骨骼与角色身体的对位准确，
对齐后的效果如图 3-9 所示。

图 3-8　修改"Biped"结构参数

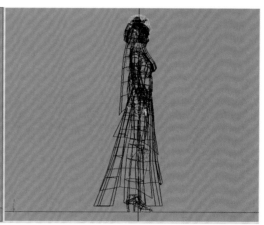

图 3-9　绿色右腿骨骼匹配

（9）复制腿部骨骼姿态。由于女角色的腿部是左右对称的，因此在匹配女角色骨骼和模
型时，参照前面章节的制作方法，调节好一边腿部骨骼，再复制给另一边腿部骨骼即可，这
样既提高了制作效率，也为后面制作节省了时间。双击腿部骨骼，选择腿部全部的骨骼，然
后单击 （体形模式）下的 （创建集合）按钮，再单击 （复制姿态）按钮，再单击 （向
对面粘贴姿态）按钮，即完成了另一边腿部骨骼姿态的镜像复制，效果如图 3-10 所示。

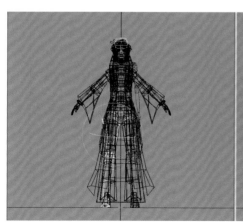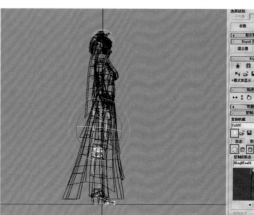

图 3-10　腿部骨骼的镜像复制

⊕ 提 示

单击 ▣（创建集合）按钮后可以用快捷键进行复制和粘贴。▣（复制姿态）的快捷键是【Alt+C】，▣（粘贴姿态）的快捷键是【Alt+V】，▣（向对面粘贴姿态）的快捷键是【Alt+B】。

（10）匹配脊椎骨骼。在前视图和左视图中，利用 ▣（选择并旋转）工具和 ▣（选择并匀称缩放）工具把脊椎模型与脊椎骨骼对齐，如图 3-11 所示。

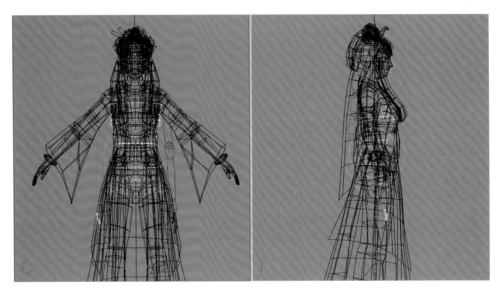

图 3-11　脊椎骨骼的匹配

（11）匹配肩膀的骨骼。在前视图和左视图中，利用 ▣（选择并旋转）工具和 ▣（选择并匀称缩放）工具将肩膀骨骼与相对应的模型匹配，如图 3-12 所示。

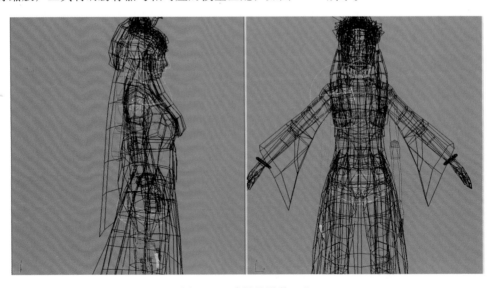

图 3-12　肩膀骨骼的匹配

（12）匹配手臂骨骼。在前视图和左视图中，利用▣（选择并旋转）工具和▣（选择并匀称缩放）工具将手臂骨骼与相对应的模型匹配，如图 3-13 所示。

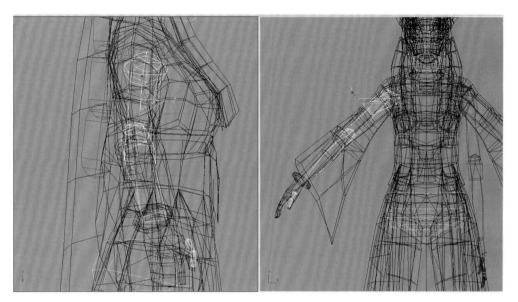

图 3-13　手臂骨骼的匹配

（13）匹配手指和手掌骨骼。在前视图和左视图中，利用▣（选择并旋转）工具和▣（选择并匀称缩放）工具将手指和手掌骨骼与相对应的模型匹配，如图 3-14 所示。

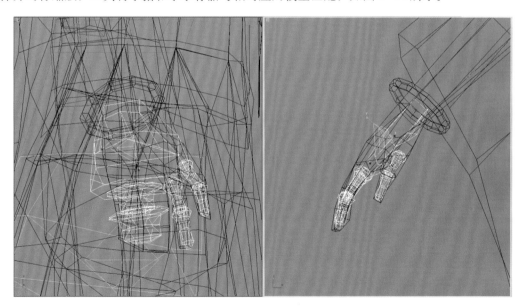

图 3-14　手指和手掌骨骼匹配

（14）复制手部、手臂和绿色肩膀的骨骼姿态。选中已经调节好姿态的肩膀、手臂、手部的骨骼，如图 3-15 所示，单击▣（体形模式）下的▣（创建集合）按钮，然后单击▣（复制姿态）按钮后，再单击▣（向对面粘贴姿态）按钮，如图 3-16 所示，从而完成肩膀、手臂和手部骨骼的镜像复制。

图 3-15　选中肩膀、手臂和手部骨骼

图 3-16　镜像复制骨骼姿态

（15）颈部和头部骨骼匹配。在前视图和左视图中，利用 ⬥（选择并移动）工具、↻（选择并旋转）工具和 ▣（选择并匀称缩放）工具将颈部、头部骨骼与相对应的模型进行匹配，如图 3-17 所示。

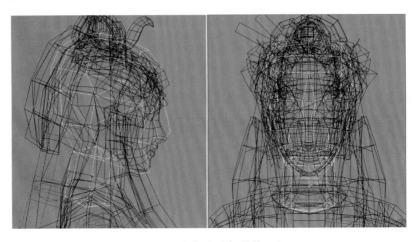

图 3-17　颈部和头部骨骼匹配

（16）头发（马尾辫）骨骼的匹配。在前视图和左视图中，利用 ![选择并移动] （选择并移动）工具、![选择并旋转] （选择并旋转）工具和 ![选择并匀称缩放] （选择并匀称缩放）工具将马尾辫骨骼与头发模型进行匹配，如图 3-18 所示。

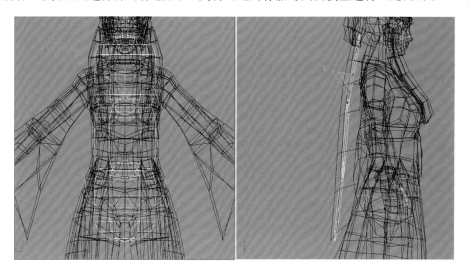

图 3-18　头发（马尾辫）骨骼的匹配

3.1.2　衣服骨骼设计

为了让游戏角色更加生动和真实，在制作动画时也需要让衣服飘动起来。制作这样的游戏动画一般都是用 Bone 骨骼来创建完成的。如果要制作衣服的动画，那么在建模时就要注意衣服的布线，产生运动的地方要适当增加布线，否则在产生动作时，衣服会出现难看的拉伸和变形，如图 3-19 所示。衣服骨骼的设计包括创建和匹配后面围裙的骨骼、创建和匹配前面围裙的骨骼、创建和匹配头部飘带的骨骼、创建和匹配侧面围裙的骨骼、创建和匹配衣袖的骨骼、创建和匹配下飘带的骨骼 6 个部分。

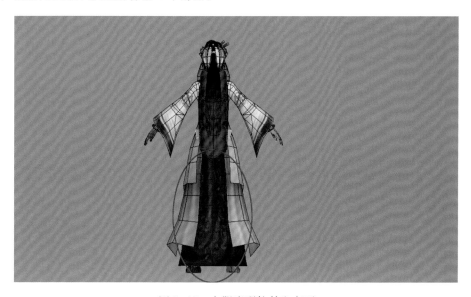

图 3-19　衣服出现拉伸和变形

第 3 章　女角色的动画制作

1. 创建和匹配后面围裙的骨骼

（1）切换到左视图，单击 ▣（创建）面板下 ▣（系统）中的"骨骼"按钮，然后在角色后面的围裙上创建三根骨骼，如图3-20所示。（创建三根骨骼时系统会自动生成一根末端骨骼，这时就有了四根骨骼）。

图3-20　在女主角后面的围裙处创建骨骼

（2）执行菜单中的"动画"|"骨骼工具"命令，弹出"骨骼工具"面板，如图3-21所示。

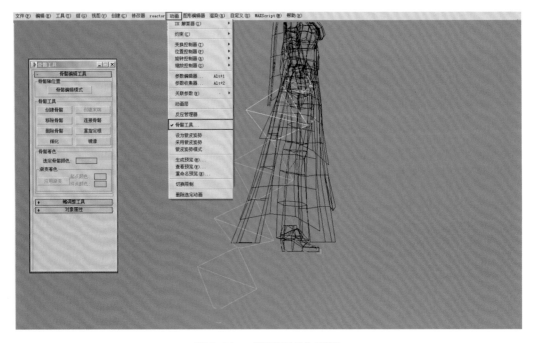

图3-21　"骨骼工具"面板

（3）匹配女角色后面围裙的第一根骨骼。打开"骨骼工具"面板中的"鳍调整工具"卷展栏，然后选择第一根骨骼，调整"骨骼对象"选项组的参数，进行骨骼和模型的匹配，如图3-22所示。

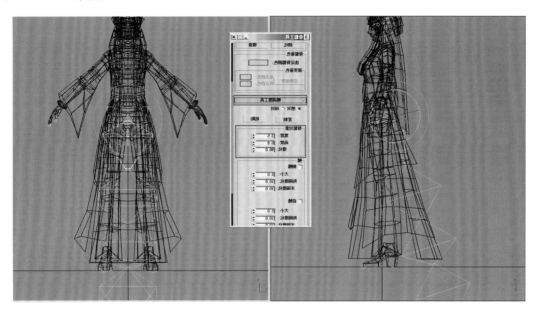

图3-22　第一根骨骼的匹配

（4）骨骼的属性复制和粘贴。选择调整好的第一根骨骼，单击"鳍调整工具"卷展栏下的"复制"按钮，然后选择第二根骨骼，单击"鳍调整工具"卷展栏下的"粘贴"按钮。接着选择第三根骨骼，单击"鳍调整工具"卷展栏中的"粘贴"按钮，即把第一根骨骼的属性分别复制给第二根骨骼和第三根骨骼，如图3-23所示。

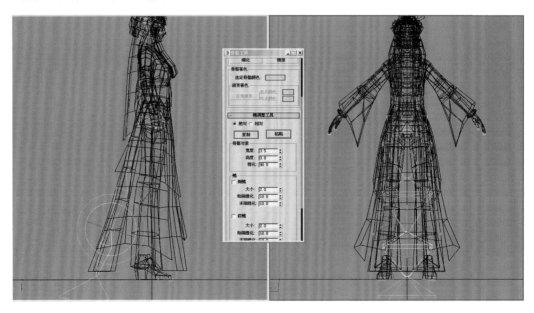

图3-23　复制骨骼属性

2. 创建和匹配前面围裙的骨骼

（1）选择围裙部位的四根骨骼，然后按住【Shift】键，使用（选择并移动）工具复制四根骨骼到前面围裙部位，复制结果如图 3-24（a）所示。

💿 **提 示**

在复制过程中，释放鼠标时会弹出"克隆选项"对话框，此时单击"复制"单选按钮，如图 3-24（b）所示，再单击"确定"按钮，即可复制四根骨骼。

(a) 复制骨骼

(b) 单击"复制"单选按钮

图 3-24　复制骨骼步骤

（2）使第一根骨骼与围裙匹配。选择第二根骨骼，激活"鳍调整工具"卷展栏里的"骨骼编辑模式"按钮，利用（选择并移动）工具移动第二根骨骼的母端，与第一根骨骼进行匹配，如图 3-25 所示。

（3）使第二根骨骼与围裙匹配。选择第三根骨骼，激活"骨骼编辑模式"按钮，然后利用（选择并移动）移动第三根骨骼的母端，与第二根骨骼进行匹配，如图 3-26 所示。

图 3-25　匹配第一根骨骼

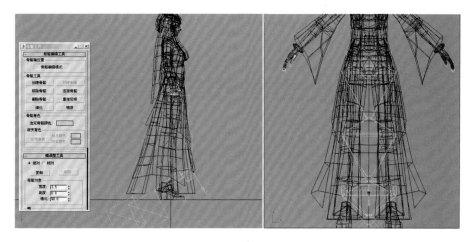

图 3-26　匹配第二根骨骼

（4）使第三根骨骼与围裙匹配。选择第四根骨骼（末端骨骼），激活"骨骼编辑模式"按钮，利用 ⊞（选择并移动）工具移动第四根骨骼（末端骨骼）的母端，与第三根骨骼进行匹配，如图 3-27 所示。

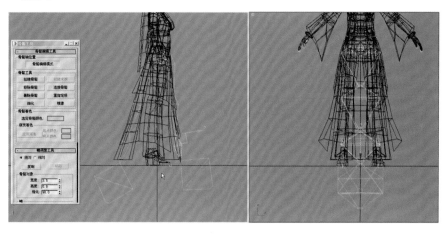

图 3-27　匹配第三根骨骼

🔵 **提 示**

匹配好前边和后边的骨骼后就可以把末端骨骼删除。

3. 创建和匹配头部飘带的骨骼

（1）创建头部前边飘带骨骼。切换到左视图，单击 ▣（创建）面板下 ▧（系统）中的"骨骼"按钮，然后在女角色头部的飘带处创建两根骨骼，如图 3-28 所示。

图 3-28　创建头部前边飘带骨骼

🔵 **提 示**

创建两根骨骼时，系统会自动生成一根末端骨骼，这时飘带就有了三根骨骼，此时先不要删掉末端骨骼。

（2）调整头部飘带骨骼。在前视图和左视图中利用 ✥（选择并移动）工具和 ↻（选择并旋转）工具，调整头部飘带骨骼的位置，如图 3-29 所示。

图 3-29　调整头部飘带骨骼

（3）头部飘带第一根骨骼匹配。选择第二根骨骼，激活"鳍调整工具"卷展栏下的"骨骼编辑模式"按钮，然后利用 ✥（选择并移动）工具移动第二根骨骼的母端，与第一根骨骼进行匹配，如图3-30所示。

图3-30 头部飘带第一根骨骼匹配

（4）头部飘带第二根骨骼匹配。选择第三根骨骼（末端骨骼），激活"骨骼编辑模式"按钮，然后利用 ✥（选择并移动）工具移动第三根骨骼（末端骨骼）的母端，与第二根骨骼进行匹配，如图3-31所示。

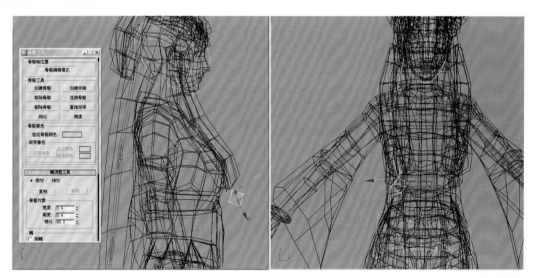

图3-31 头部飘带第二根骨骼匹配

（5）镜像复制头部飘带骨骼。选择头部飘带的三根骨骼，然后选择 ✥（选择并移动）工具，调整参考坐标系为"视图"，再单击 ⬚（使用轴点中心）按钮调整中心，如图3-32所示。接着在前视图中单击工具栏的 ⬚（镜像）按钮，在弹出的"镜像：世界坐标"对话框中设置参数，如图3-33所示，单击"确定"按钮。最后使用 ✥（选择并移动）工具将复制的骨骼移动到头部的另一边，并与飘带对齐，匹配好头部飘带骨骼的模型如图 3-34 所示。

图 3-32　调整参考坐标系为"视图"

图 3-33　镜像参数

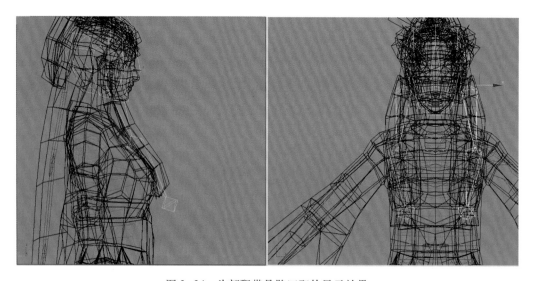

图 3-34　头部飘带骨骼匹配的显示效果

● 提 示

镜像复制骨骼时，一定要关闭"骨骼编辑模式"，否则会出现错误。

4. 创建和匹配侧面围裙的骨骼

（1）创建侧面围裙骨骼。进入前视图，单击 ⬚（创建）面板下 ⬚（系统）中的"骨骼"按钮，在女角色右侧围裙处创建三根骨骼，如图 3-35 所示。同理，创建右侧小围裙的两根骨骼。

（2）调整骨骼属性。打开"骨骼工具"面板，通过修改"鳍调整工具"卷展栏下的参数调整侧面围裙骨骼的高度和宽度，如图 3-36 所示。同理，调整侧面围裙的骨骼属性。

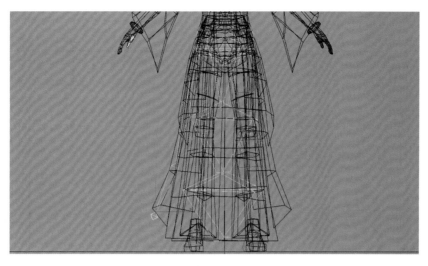

图 3-35 创建侧面围裙骨骼

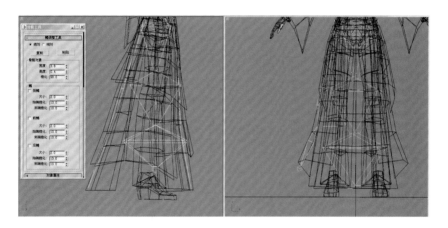

图 3-36 侧面围裙骨骼的属性调整

（3）侧面围裙骨骼的匹配。参考头部飘带骨骼匹配的方法，激活"骨骼编辑模式"按钮，将侧面围裙的骨骼与模型一一对位，如图 3-37 所示。同理，完成侧面围裙的骨骼匹配。

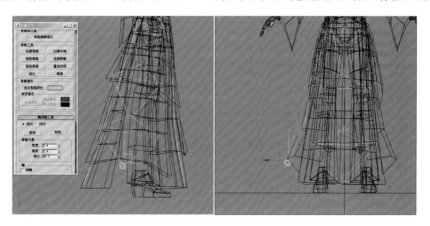

图 3-37 侧面围裙的骨骼匹配

（4）复制侧面围裙的骨骼姿势。参考头部飘带骨骼镜像复制的步骤，选择右侧围裙的四根骨骼，然后选择 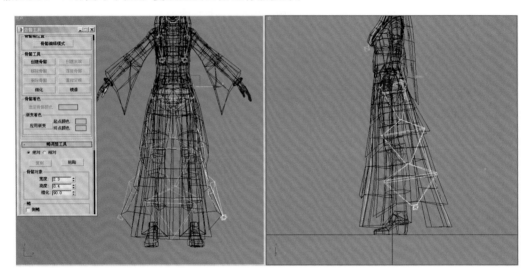 （选择并移动）工具，调整参考坐标系为"视图"，再单击 （使用轴点中心）按钮调整中心。接着在前视图中单击工具栏的 （镜像）按钮，在弹出的对话框中设置"镜像轴"为"X"单选按钮，"克隆当前选择"中选"复制"单选按钮，单击"确定"按钮。最后利用 （选择并移动）工具将复制的骨骼与左侧的围裙对齐，匹配好侧面围裙的骨骼如图 3-38 所示。同理，复制左侧围裙的骨骼姿势。

图 3-38　侧面围裙骨骼的匹配

5．创建和匹配衣袖的骨骼

（1）创建袖子骨骼。切换到前视图，单击 （创建）面板下 （系统）中的"骨骼"按钮，然后在女角色袖子处创建一根骨骼，如图 3-39 所示。

图 3-39　创建袖子骨骼

（2）调整骨骼属性。打开"骨骼工具"面板，通过修改"鳍调整工具"卷展栏中的参数调整侧面围裙骨骼的高度和宽度，调整后的效果如图 3-40 所示。

图 3-40　调整骨骼属性

（3）镜像复制袖子骨骼。选择袖子的两根骨骼，然后选择 （选择并移动）工具，调整参考坐标系为"视图"，再单击 （使用轴点中心）按钮调整中心。接着单击工具栏中的 （镜像）按钮，在弹出的对话框中设置"镜像轴"为"X"单选按钮，"克隆当前选择"中选"复制"单选按钮。最后利用 （选择并移动）工具将复制的骨骼移动到另一侧的袖子并对齐，匹配好侧面袖子骨骼的模型如图 3-41 所示。

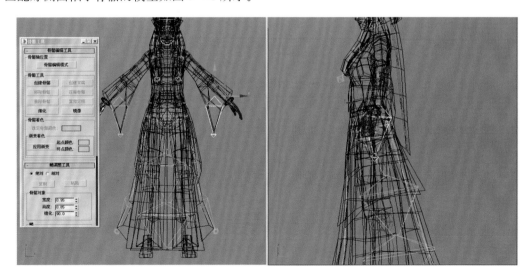

图 3-41　镜像复制袖子骨骼

6. 创建和匹配下飘带的骨骼

（1）下飘带指的是围裙部位的飘带，其骨骼创建和匹配的步骤可以参考其他部位的衣服制作步骤，完成的下飘带骨骼匹配效果如图 3-42 所示。

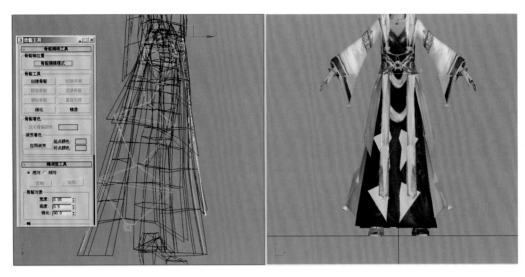

图 3-42　围裙部位飘带骨骼匹配

（2）选择下飘带的骨骼、衣袖骨骼、侧面围裙骨骼和头部飘带骨骼的末端骨骼，如图 3-43 所示，然后删除。

图 3-43　删除末端骨骼

3.1.3　骨骼的链接

（1）同时选择围裙部位的第一根骨骼和围裙部位飘带的第一根骨骼，然后利用工具栏中的 （选择并链接）工具将它们链接到轴心点骨骼上，如图 3-44 所示。

（2）利用工具栏中的 （选择并链接）工具将左侧袖子骨骼链接到左侧手臂骨骼上，如图 3-45 所示。

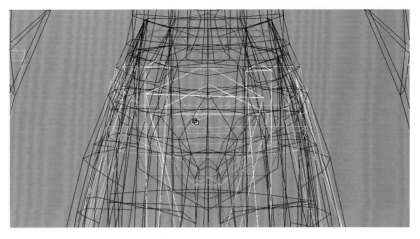

图 3-44　链接到轴心点骨骼

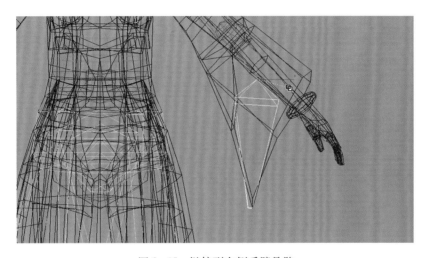

图 3-45　链接到左侧手臂骨骼

（3）利用工具栏中的（选择并链接）工具将右侧袖子的骨骼链接到右侧手臂骨骼上，如图 3-46 所示。

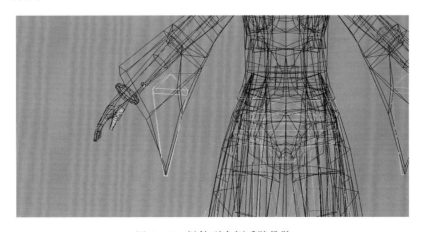

图 3-46　链接到右侧手臂骨骼

（4）选择头部飘带第一根骨骼，然后利用工具栏中的 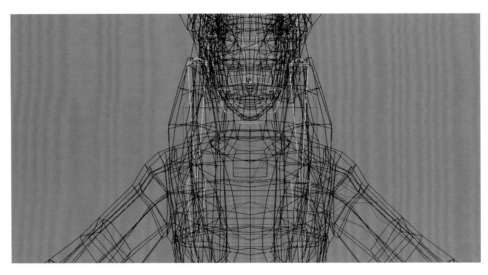（选择并链接）工具将其链接到右侧头部骨骼上，如图 3-47 所示。

图 3-47　链接到右侧头部骨骼

（5）最终完成的女角色骨骼设计效果如图 3-48 所示。

图 3-48　女角色骨骼设计效果图

3.2　女角色的蒙皮设定

蒙皮的优点是可以自由地选择骨骼进行蒙皮，并可以十分方便地调节权重。此外通过镜像权重的方法，可以在只做好一半骨骼蒙皮的情况下完成整个身体的蒙皮。本节内容包括添加蒙皮修改器、调节封套、调节围裙蒙皮、调节头发和头部飘带蒙皮、调节四肢蒙皮、调节身体蒙皮和调节头部蒙皮八个部分。

3.2.1　添加蒙皮修改器

（1）打开设定好骨骼的女角色模型文件，选择全部的模型，单击 （修改）面板，在修改器下拉菜单中选择"蒙皮"修改器，如图 3-49 所示。

图 3-49　为完成骨骼设定的模型添加"蒙皮"修改器

（2）单击 （修改）面板下的"添加"按钮，在弹出的"选择对象"对话框的列表中选择全部骨骼，如图 3-50 所示，单击"选择"按钮。

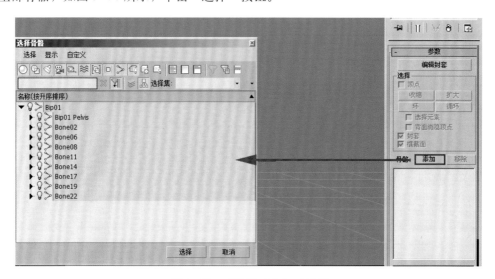

图 3-50　"选择对象"对话框

3.2.2　调节封套

为骨骼指定"蒙皮"修改器后，还不能调节女角色的动作。因为这时骨骼对模型顶点的影响范围是不合理的，在调节动作时会使模型产生变形和拉伸。因此在调节之前先使用"编辑封套"的方式改变骨骼对模型的影响范围，为下一步的操作做好准备。

1. 调节腿部封套

（1）调节脚尖封套。选择脚尖封套，一般它的默认影响范围值会偏大一些，此时要把它调小至最佳影响范围，如图 3-51 所示，然后单击 （复制封套）按钮，再选择另外一边的脚尖封套，单击 （粘贴封套）按钮，从而将调节为最佳影响范围的脚尖封套复制到另外一边，如图 3-52 所示。

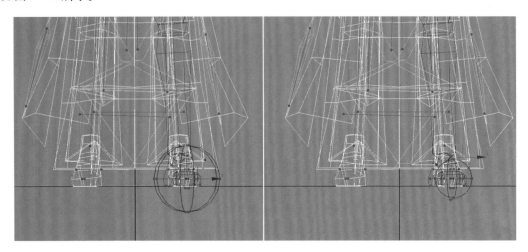

图 3-51　调节脚尖封套的影响范围

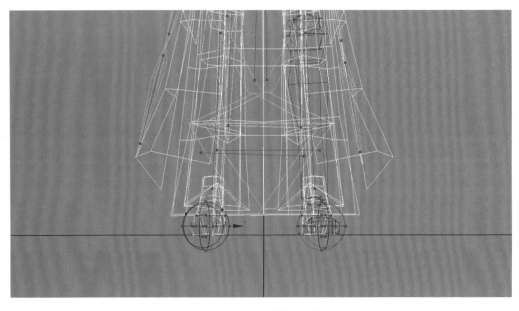

图 3-52　复制脚尖封套

（2）调节脚掌封套。选择脚掌封套，一般它的默认影响范围值会偏大一些，此时要把它调小至最佳影响范围，如图 3-53 所示。然后参照脚尖封套制作方法，将调节为最佳影响范围

的脚掌封套复制到另外一边。

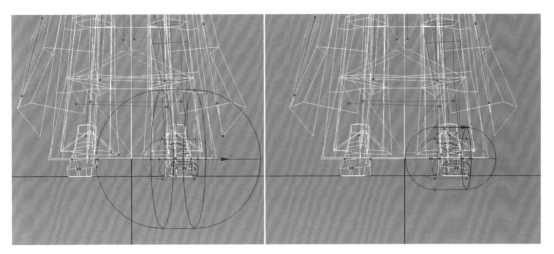

图 3-53　调节脚掌封套的影响范围

（3）调节小腿封套。选择小腿封套，如图 3-54 中左图所示，然后拖动图 3-54 中 A 所示的调节点，将默认影响范围值调节为最佳，如图 3-54 所示。接着将调节为最佳影响范围的小腿封套复制到另外一边。

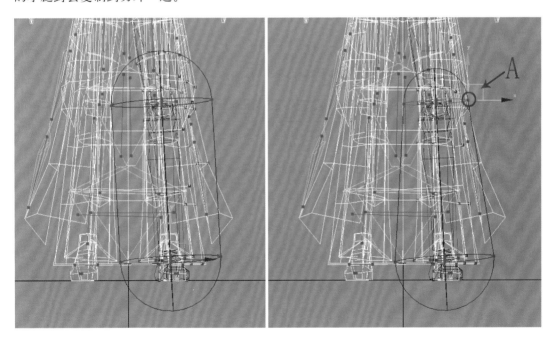

图 3-54　调节小腿封套

（4）调节大腿封套。选择大腿封套，如图 3-55 中左图所示，然后拖动如图 3-54 中所示的调节点，将默认影响范围值调节为最佳，如图 3-55 中右图所示。接着将调节为最佳影响范围的大腿封套复制到另外一边。

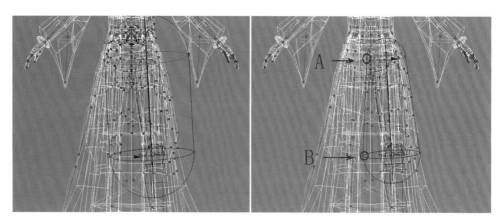

图 3-55　调节并复制大腿封套

2. 调节身体部位封套

（1）调节盆骨封套。选择盆骨封套，通过观察模型发现，封套范围已经包括了袖子的顶点，如图 3-56 中 A 所示。这是不正确的，在调节盆骨的封套时，要注意封套影响范围值的调节，避免出现互相影响的问题，调节到最佳的封套范围效果，如图 3-56 中 B 所示。

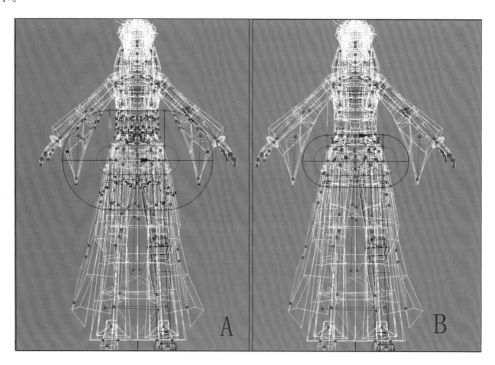

图 3-56　调节盆骨封套

（2）调节第一段脊椎骨封套。选择第一段脊椎骨封套，通过观察模型发现，封套范围已经包括了袖子的顶点，如图 3-57 中 A 所示。这是不正确的，在调节封套时，要注意封套影响范围值的调节，避免出现互相影响的问题，调节到最佳的封套范围效果，如图 3-57 中 B 所示。

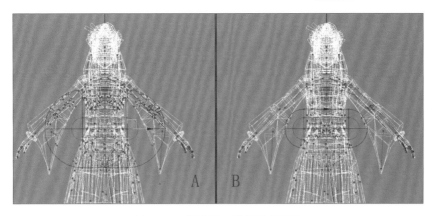

图 3-57　调节第一段脊椎骨封套

（3）调节第二段脊椎骨封套。选择第二段脊椎骨封套，通过观察模型发现，封套范围已经包括了脖子和肩膀的顶点，如图 3-58 中 A 所示。这是不正确的，在调节第二段脊椎的封套时，要注意封套影响范围值的调节，避免出现互相影响的问题，调节到最佳的封套范围效果，如图 3-58 中 B 所示。

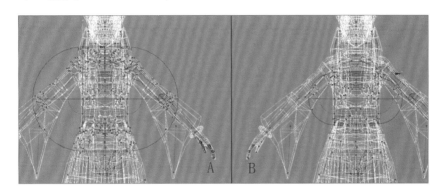

图 3-58　调节第二段脊椎骨封套

（4）调节第三段脊椎骨封套。选择第三段脊椎骨封套，通过观察模型发现，封套范围已经包括了头部的顶点，如图 3-59 中 A 所示。这是不正确的，在调节第三段的封套时，要注意封套影响范围值的调节，避免出现互相影响的问题，调节到最佳的封套范围效果，如图 3-59 中 B 所示。

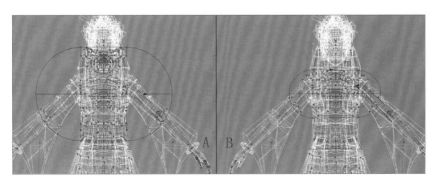

图 3-59　调节第三段脊椎骨封套

3．调节手部封套

（1）调节手指封套并复制封套到另外一边。不合理的封套影响范围如图 3-60 所示，调节后的封套影响范围如图 3-61 所示。

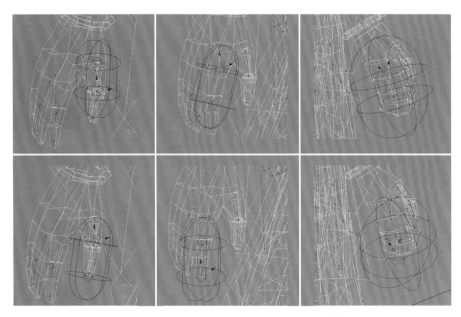

图 3-60　不合理的封套影响范围

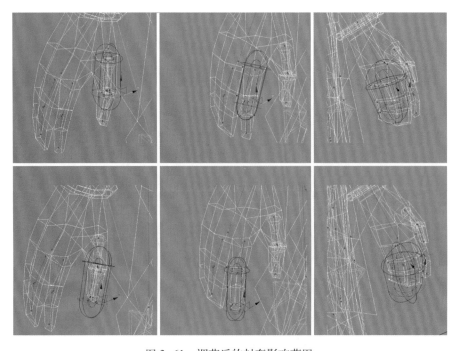

图 3-61　调节后的封套影响范围

（2）调节手掌封套并复制到另外一边。选择手掌封套，通过观察模型发现，封套范围已经包括了袖子的顶点，如图 3-62 中 A 所示。这是不正确的，在调节手掌的封套时，要注意

封套影响范围值的调节，避免出现互相影响的问题，调节到最佳的封套范围效果，如图 3-62 中 B 所示。最后将调整好的一侧手掌的封套复制到另一侧手掌。

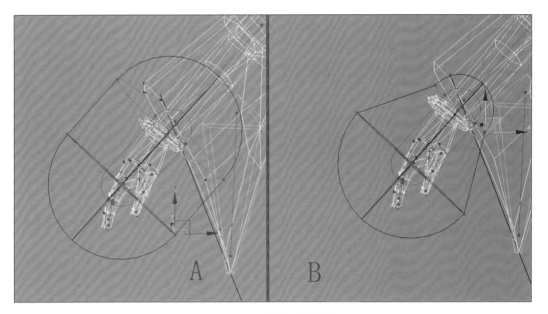

图 3-62　调节手掌封套

（3）调节袖子封套并复制封套到另外一边。不合理的封套影响范围如图 3-63 中 A 所示，调节后的封套影响范围如图 3-63 中 B 所示。

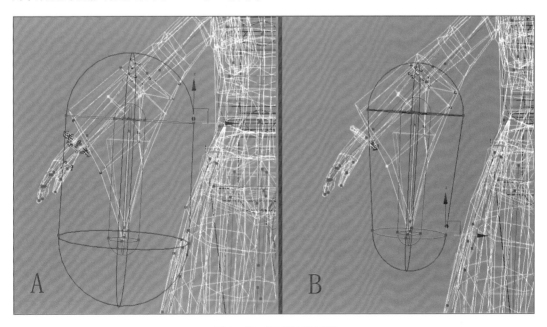

图 3-63　调节袖子封套

（4）调节前臂封套，调节后的封套影响范围如图 3-64 所示。然后将调节好的封套复制到另外一边。

第 3 章　女角色的动画制作

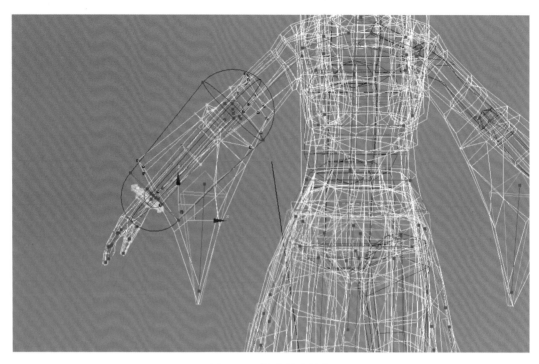

图 3-64　调节前臂封套

　　（5）调节上臂封套并复制封套到另外一边。不合理的封套影响范围如图 3-65 中 A 所示，调节后的封套影响范围如图 3-65 中 B 所示。

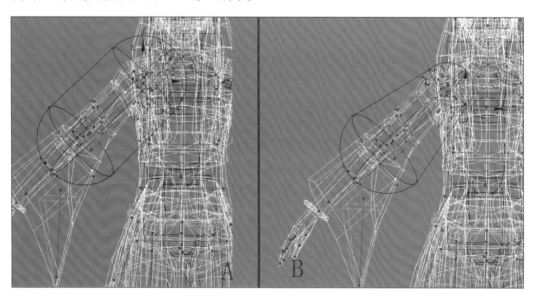

图 3-65　调节上臂封套

　　（6）调节肩膀封套。选择肩膀封套，通过观察模型发现，封套范围已经包括了头部的顶点，如图 3-66 中 A 所示。这是不正确的，在调节肩膀的封套时，要注意封套影响范围值的调节，避免出现互相影响的问题，调节到最佳的封套范围效果，如图 3-66 中 B 所示。最后将调节好的封套复制到另外一边。

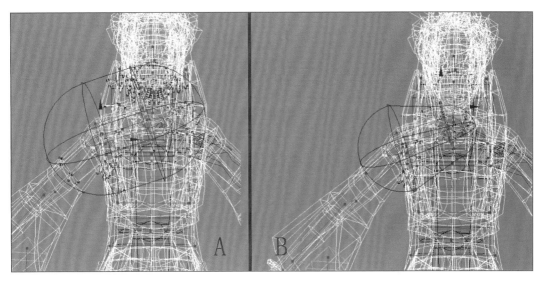

图 3-66   调节肩膀封套

4. 调节头部封套

（1）调节脖子封套。选择脖子封套，通过观察模型发现，封套范围已经包括了袖子的顶点，如图 3-67 中 A 所示。这是不正确的，在调节脖子的封套时，要注意封套影响范围值的调节，避免出现互相影响的问题，调节到最佳的封套范围效果，如图 3-67 中 B 所示。

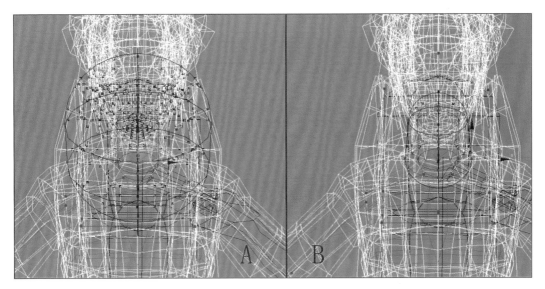

图 3-67   调节脖子封套

（2）调节头部封套。选择头部封套，通过观察模型发现，封套范围已经包括了胸部的顶点，如图 3-68 中 A 所示。这是不正确的，在调节头部的封套时，要注意封套影响范围值的调节，避免出现互相影响的问题，调节为最佳的封套范围效果，如图 3-68 中 B 所示。

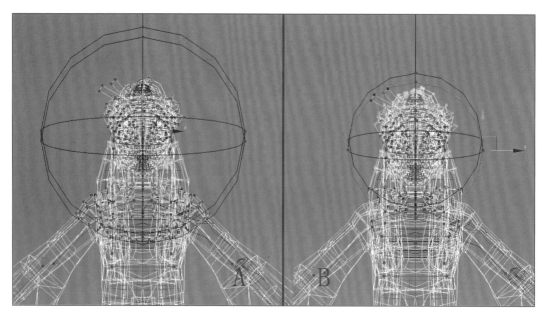

图 3-68　调节头部封套

(3) 调节头部飘带第二根骨骼封套。选择头部飘带第二根骨骼封套，通过观察模型发现，封套范围已经包括了胸部的顶点，如图 3-69 中 A 所示。这是不正确的，在调节头部飘带第二根骨骼的封套时，要注意封套影响范围值的调节，避免出现互相影响的问题，调节到最佳的封套范围效果，如图 3-69 中 B 所示。最后把调整好的封套复制到另外一边。

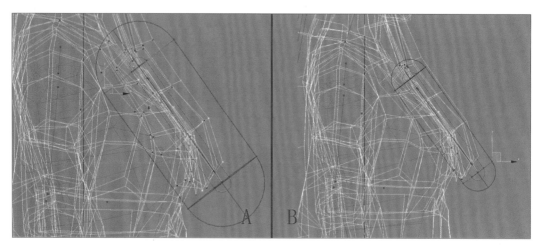

图 3-69　调节头部飘带第二根骨骼封套

(4) 调节头部飘带第一根骨骼封套。选择头部飘带第一根骨骼封套，通过观察模型发现，封套范围已经包括了头部的顶点，如图 3-70 中 A 所示。这是不正确的，在调节头部飘带第二根骨骼的封套时，要注意封套影响范围值的调节，避免出现互相影响的问题，调节到最佳的封套范围效果，如图 3-70 中 B 所示。最后把调整好的封套复制到另外一边。

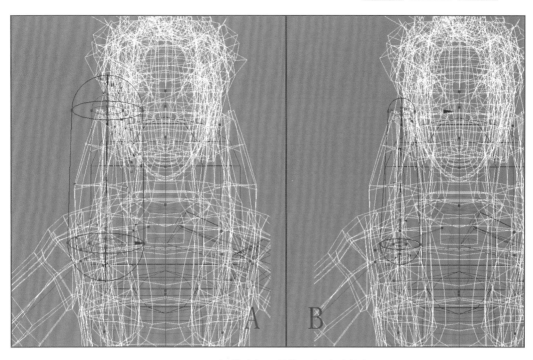

图 3-70　调节头部飘带第一根骨骼封套

（5）调节第一段头发封套，注意不要影响到其他部分的顶点即可。不合理的封套影响范围如图 3-71 中 A 所示，调节好的封套范围如图 3-71 中 B 所示。

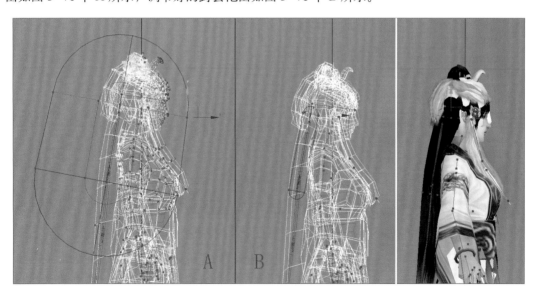

图 3-71　调节第一段头发封套

（6）调节第二段头发封套，注意不要影响到其他部分的顶点即可。不合理的封套影响范围如图 3-72 中 A 所示，调节完成的封套范围如图 3-72 中 B 所示。

（7）调节第三段头发封套，注意不要影响到其他部分的顶点即可。不合理的封套影响范围如图 3-73 中 A 所示，调节完成的封套范围如图 3-73 中 B 所示。

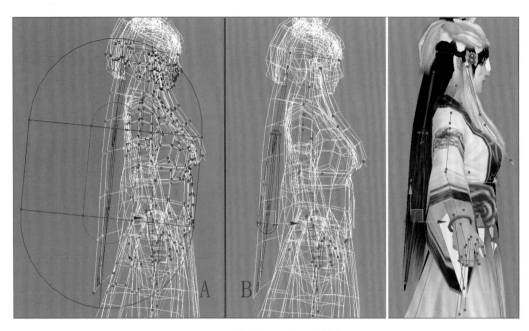

图 3-72　调节第二段头发封套

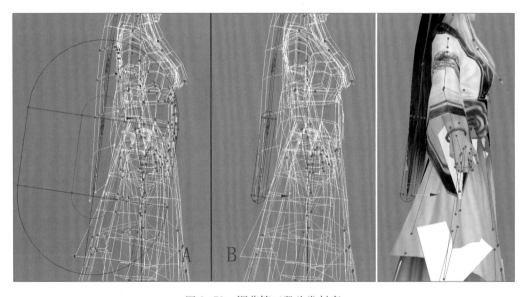

图 3-73　调节第三段头发封套

5. 调节围裙的封套

（1）调节侧面小围裙的第一根封套，注意不要影响到其他部分的顶点。不合理的封套影响范围如图 3-74 中 A 所示，调节完成的封套范围如图 3-74 中 B 所示。最后复制调整好的封套到对称的另外一边。

（2）调节侧面小围裙的第二根封套，注意不要影响到其他部分的顶点即可。不合理的封套影响范围如图 3-75 中 A 所示，调节完成的封套范围如图 3-75 中 B 部分所示。最后把完成调整的封套复制到对称的另一边。

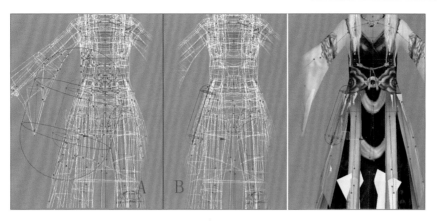

图 3-74　调节侧面小围裙的第一根封套

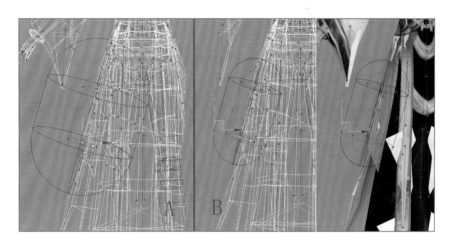

图 3-75　调节侧面小围裙的第二根封套

（3）调节侧面长围裙的第一根封套，注意不要影响到其他部分的顶点。不合理的封套影响范围如图 3-76 中 A 所示，调节完成的封套范围如图 3-76 中 B 所示。将调整后的封套复制到对称的另一边。

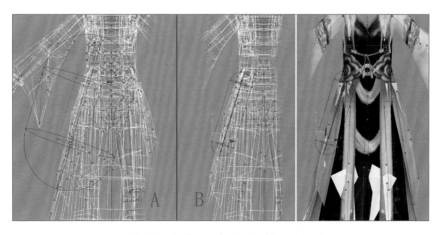

图 3-76　调节侧面长围裙的第一根封套

（4）调节侧面长围裙的第二根和第三根封套，使它不要影响到其他部分的顶点。方法参考第一根封套的调节步骤。调节完成的侧面第二根长围裙封套如图 3-77 所示，调节完成的侧面第三根长围裙封套如图 3-78 所示，最后把完成调整的两根封套依次复制到对称的另一边。

图 3-77　调节侧面长围裙的第二根封套

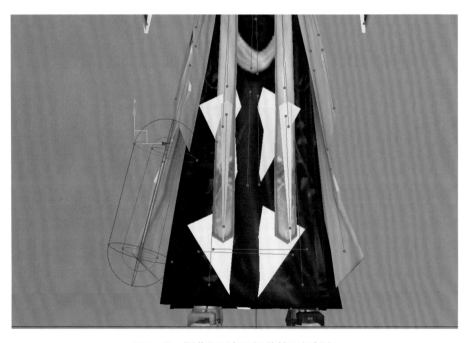

图 3-78　调节侧面长围裙的第三根封套

（5）调节后面围裙的第一根封套，使它不要影响到其他部分的顶点。不合理的封套影响范围如图 3-79 中 A 所示，调节完成的封套范围如图 3-79 中 B 所示。

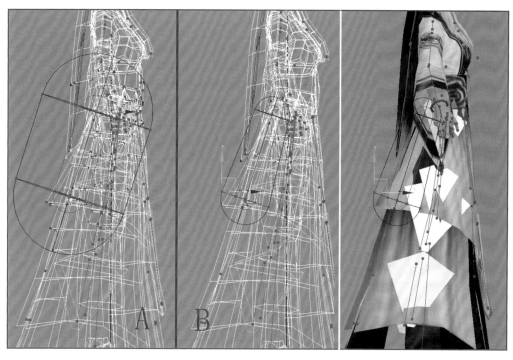

图 3-79　调节后面围裙的第一根封套

（6）调节后面围裙的第二根封套，使它不要影响到其他部分的顶点。不合理的封套影响范围如图 3-80 中 A 所示，完成调节的封套范围如图 3-80 中 B 部分所示。

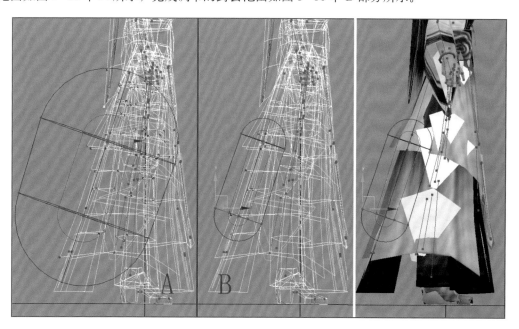

图 3-80　调节后面围裙的第二根封套

（7）调节后面围裙的第三根封套，使它不影响到其他部分的顶点。不合理的封套影响范围如图 3-81 中 A 所示，完成调节的封套范围如图 3-81 中 B 部分所示。

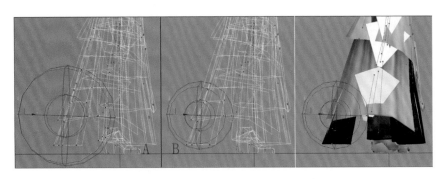

图 3-81　调节后面围裙的第三根封套

（8）调节前面围裙的第一根封套，使它不要影响到其他部分的顶点。不合理的封套影响范围如图 3-82 中 A 所示，调节完成的封套范围如图 3-82 中 B 部分所示。

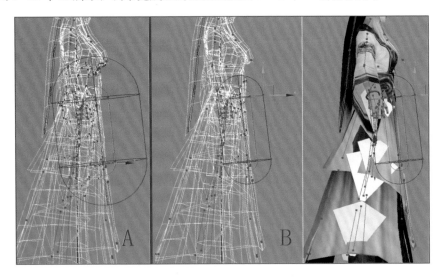

图 3-82　调节前面围裙的第一根封套

（9）调节前面围裙的第二根封套，使它不要影响到其他部分的顶点。不合理的封套影响范围如图 3-83 中 A 所示。调节完成的封套范围如图 3-83 中 B 部分所示。

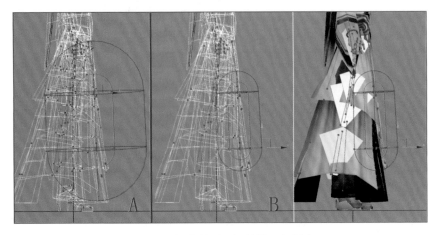

图 3-83　调节前面围裙的第二根封套

（10）调节前面围裙的第三根封套，使它不要影响到其他部分的顶点。不合理的封套影响范围如图 3-84 中 A 所示，调节完成的封套范围如图 3-84 中 B 所示。

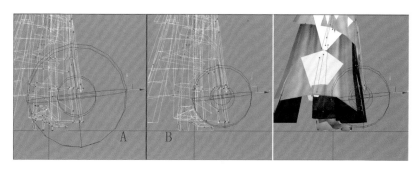

图 3-84　调节前面围裙的第三根封套

（11）调节前边飘带的第一根封套，使它不要影响到其他部分的顶点。不合理的封套影响范围如图 3-85 中 A 所示，调节完成的封套范围如图 3-85 中 B 所示。最后把完成调节的封套复制到对称的另一边。

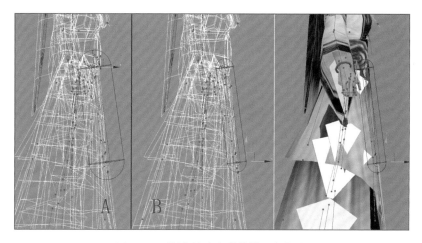

图 3-85　调节前边飘带的第一根封套

（12）调节前边飘带的第二根封套，使它不要影响到其他部分的顶点。不合理的封套影响范围如图 3-86 中 A 所示，调节完成的封套如图 3-86 中 B 所示。最后把完成调节的封套复制到对称的另一边。

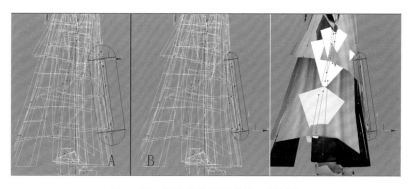

图 3-86　调节前边飘带的第二根封套

3.2.3　调节围裙蒙皮

1. 调节侧面围裙蒙皮

（1）进入前视图，利用 ⊙（选择并旋转）工具将手臂旋转，如图 3-87 所示，发现手臂有拉伸（此处问题在后面调节手臂蒙皮的步骤中进行调节），然后选择侧面小围裙的第一根骨骼，再次利用 ⊙（选择并旋转）工具沿箭头方向旋转 90°，此时围裙部分的模型有明显的拉扯变形，如图 3-88 所示。

图 3-87　选择手臂

图 3-88　模型出现拉扯变形

（2）选择模型，单击"编辑封套"按钮，然后选中"顶点"复选框，如图 3-89 所示。接着单击 ⊘（权重工具）按钮，此时弹出"权重工具"对话框，如图 3-90 所示。

图 3-89　选中"顶点"复选框

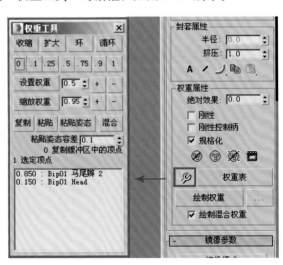

图 3-90　"权重工具"对话框

（3）接下来，利用 ⚲（权重工具）纠正侧面小围裙拉扯变形的问题。在"编辑封套"模式下，单击侧面小围裙部分的封套，选中影响范围不合理的顶点，然后利用 ⚲（权重工具）为其重新分配合理的权重值。在调节权重时，首先选择围裙全部的顶点，为其分配权重值为"1"，这种"绝对影响范围"可以把其他骨骼封套对围裙产生的影响值"归零"，使临近的骨骼不会影响围裙的权重值。除当前的侧面围裙外，其他部分的顶点权重值被"归零"后，要在"高级参数"卷展栏下设置"移除零限制"的值为"0"，并单击"移除零权重"按钮，如图 3-91 所示，这样就可以避免微调零权重时，骨骼之间相互影响。

图 3-91　"移除零权重"按钮

（4）调整侧面小围裙第一根骨骼的封套权重，如图 3-92（a）所示，然后调整侧面小围裙第二根骨骼的封套权重，如图 3-92（b）所示。

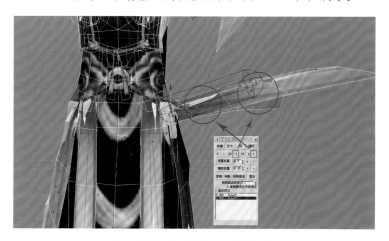

（a）调节侧面小围裙第一根封套权重值

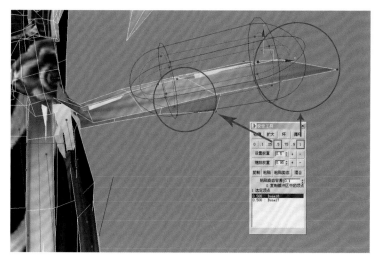

（b）调节侧面小围裙第二根封套权重值

图 3-92　调节侧面小围裙骨骼封套权重

(5) 关闭"编辑封套"模式，然后选择侧面小围裙第一根骨骼，利用 ○（选择并旋转）工具在前视图向上旋转 90°。接着选择侧面长围裙的第一根骨骼，利用 ○（选择并旋转）工具在前视图向上旋转 90°，此时长围裙部分的模型有明显的拉扯变形，如图 3-93 所示。

图 3-93　模型出现拉扯变形

(6) 纠正侧面长围裙的拉扯变形。参照侧面小围裙拉扯变形问题的纠正步骤，在"编辑封套"模式下，单击侧面长围裙部分的封套，选中影响范围不合理的顶点。然后使用"权重工具"为其重新分配合理的权重值。其中调整侧面长围裙第一根封套的权重值设置如图 3-94 所示；调整侧面长围裙第二根封套的权重值设置如图 3-95 所示；调整侧面长围裙第三根封套的权重值设置如图 3-96 所示。

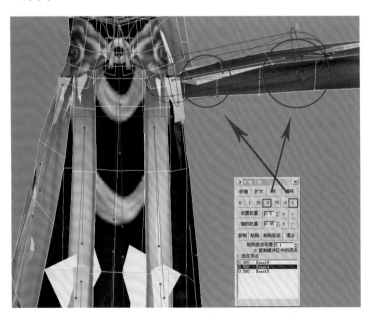

图 3-94　调节侧面长围裙第一根封套权重值

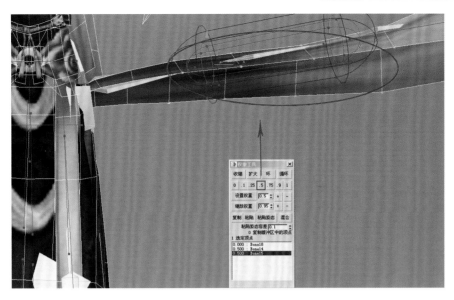

图 3-95　调节侧面长围裙第二根封套权重值

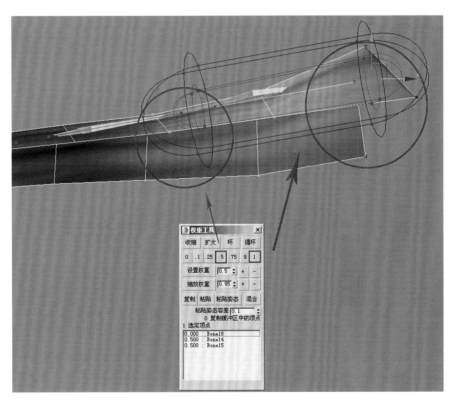

图 3-96　调节侧面长围裙第三根封套权重值

（7）复制侧面围裙的权重。由于模型和骨骼都是对称的，因此可以将调节好的侧面围裙权重值复制到对称的另一边。在"编辑封套"模式下，选择调节好的侧面围裙所有顶点，然后进入"镜像模式"，单击 （镜像粘贴）按钮，即将调节好的侧面围裙权重值镜像复制到对称的另一边，如图 3-97 所示。

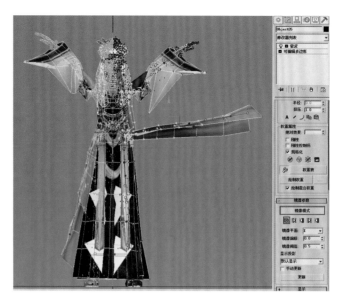

图 3-97　权重值镜像复制

💮 提 示

　　在使用"权重工具"调节模型的权重值时，一般把模型主体部分的权重值设为"1"，关节（骨骼链接处）部位权重值设为"0.5"左右，然后再根据实际情况作细微调节。

2. 调节前面飘带权重

　　（1）选择前面第一根飘带骨骼，然后利用 ⚪（选择并旋转）工具在前视图向上旋转 90°，此时长围裙的模型有明显的拉扯变形，如图 3-98 所示。

图 3-98　模型出现拉扯变形

（2）纠正前面飘带的拉扯变形。参照侧面小围裙拉扯变形问题纠正的制作步骤，在"编辑封套"模式下，单击前面飘带部分的封套，选中影响范围不合理的顶点，然后使用"权重工具"为其重新分配合理的权重值。调整后前面飘带第一根骨骼的封套权重值如图 3-99 所示；调整后前面飘带第二根骨骼的封套权重值如图 3-100 所示。

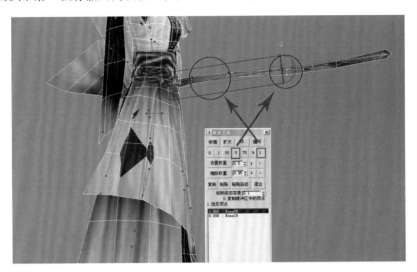

图 3-99　调节后前面飘带第一根封套权重值

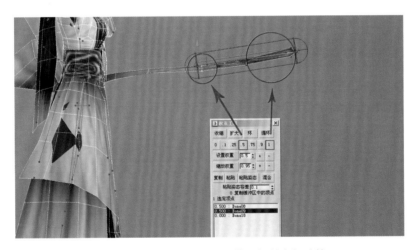

图 3-100　调节后前面飘带第二根封套权重值

（3）复制前面飘带权重。由于模型是对称的，可以将调节好的前面飘带权重值镜像复制到对称的另一边。在"编辑封套"模式下，选择调节好的前面飘带所有顶点，然后激活"镜像模式"按钮，单击 （镜像粘贴）按钮，即将调节好的前面飘带权重值镜像复制到对称的另一边。

3．调节前面围裙权重

（1）选择前面围裙第一根骨骼，利用 （选择并旋转）工具在左视图沿箭头方向旋转90°，此时长围裙部分的模型有明显的拉扯变形，如图 3-101 所示。

图 3-101　模型出现拉扯变形

（2）纠正前面围裙的拉扯变形。参照侧面小围裙拉扯变形问题纠正的制作步骤，在"编辑封套"模式下，单击前面围裙部分的封套，选中影响范围不合理的顶点，然后使用"权重工具"为其重新分配合理的权重值。将图 3-102 中红色圆圈所示的前面围裙第一根骨骼的封套权重值分配为"1"，红色方框所示的顶点权重值分配为"0.5"；调整前面围裙第二根骨骼的封套权重值，如图 3-103 所示。调整前面围裙第三根骨骼的封套权重值，如图 3-104 所示。

图 3-102　调节前面围裙第一根封套权重值

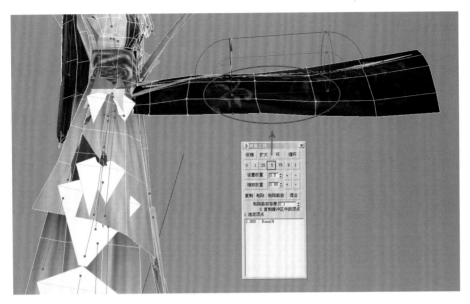

图 3-103　调节前面围裙第二根封套权重值

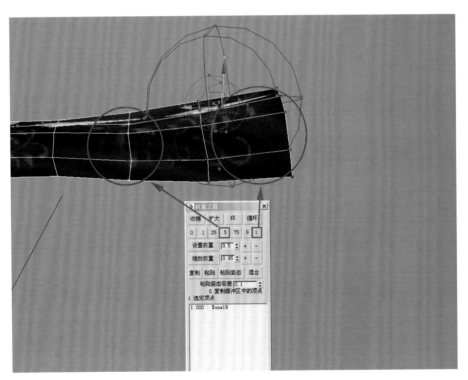

图 3-104　调节前面围裙第三根封套权重值

4. 调节后面围裙权重

（1）选择后面围裙第一根骨骼，利用 （选择并旋转）工具在左视图向上旋转 90°，此时围裙模型有明显的拉扯变形，如图 3-105 所示。

图 3-105　后面围裙拉扯变形

(2)纠正后面围裙的拉扯变形。参照侧面小围裙拉扯变形问题的纠正制作步骤，在"编辑封套"模式下，单击后面围裙部分的封套，选中影响范围不合理的顶点，然后利用"权重工具"为其重新分配合理的权重值。调整后面围裙第一根骨骼的封套权重值，如图 3-106 中红色圆圈所示；调整后面围裙第二根骨骼的封套权重值，如图 3-107 所示；调整后面围裙第三根骨骼的封套权重时，将图 3-108 中红色圆圈所示的顶点权重值分配为"1"，红色方框所示的顶点权重值分配为"0.5"。

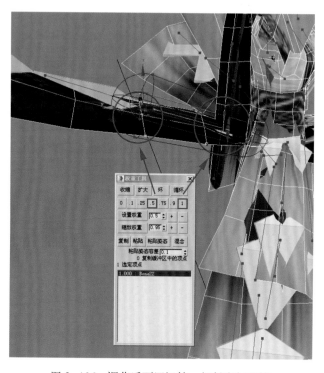

图 3-106　调节后面围裙第一根封套权重值

图 3-107　调节后面围裙第二根封套权重值

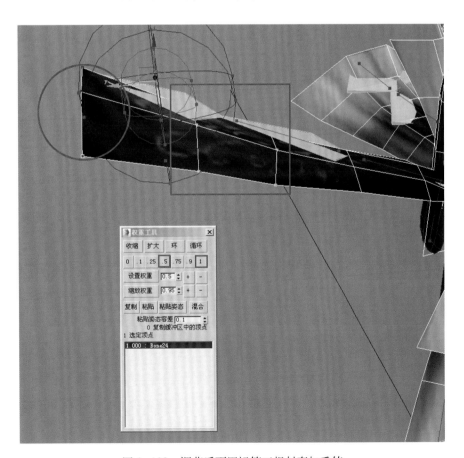

图 3-108　调节后面围裙第三根封套权重值

3.2.4　调节头发和头部飘带蒙皮

1. 调节头发蒙皮

（1）利用 ⊙（选择并旋转）工具调整头发第一段骨骼的姿态，如图 3-109 所示，此时头发部分的模型有拉扯变形。

图 3-109　模型出现拉扯变形

（2）纠正头发的拉扯变形。调节头发第一段骨骼封套的权重值，观察其影响范围内的顶点，将位于头发的顶点权重值调节为"1"，将其他部位的顶点权重值设置为"0"，如图 3-110 所示。

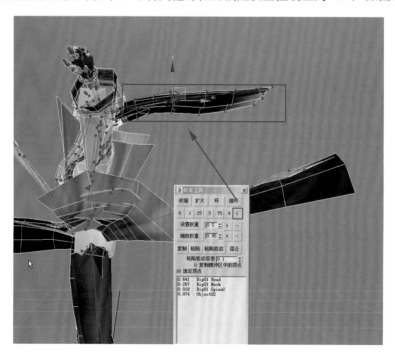

图 3-110　调节头发第一段封套权重值

（3）调节头发第二段骨骼封套的权重值。观察其影响范围内的顶点，将图3-111中红色圆圈所示的顶点权重值设置为"0.5"，红色方框所示的顶点权重值设置为"1"。其他部位的顶点权重值设置为"0"。

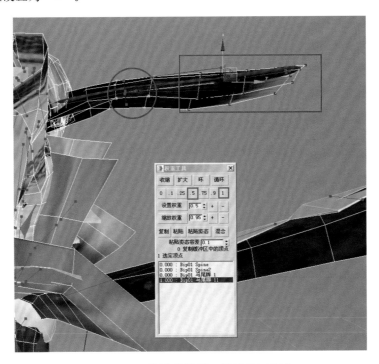

图3-111　调节头发第二段封套权重值

（4）调节头发第三段骨骼封套的权重值。观察第三段骨骼的权重影响范围内的顶点，如图3-112红色圆圈所示调节头发顶点权重值，然后将其他部位的顶点权重值设置为"0"。

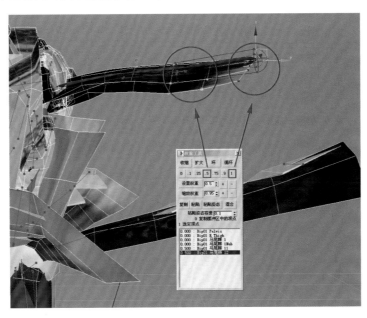

图3-112　调节头发第三段封套权重值

2．调节头部飘带蒙皮

（1）利用 （选择并旋转）工具调整头部飘带的第一段骨骼，如图 3-113 所示的夸张姿态，此时飘带模型有明显的拉扯变形。

图 3-113　模型出现拉扯变形

（2）纠正飘带的拉扯变形。调节头部飘带第一段骨骼封套的权重值，将头部飘带所有顶点的权重值设置为"1"，如图 3-114 所示，将飘带以外的顶点权重值设置为"0"。

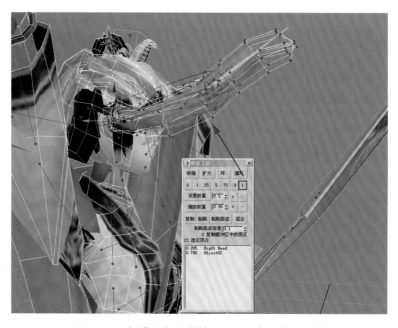

图 3-114　调节头部飘带第一段骨骼封套的权重值

（3）调节头部飘带第二段骨骼封套权重值，将头部飘带所有顶点的权重值设置为"1"，如图 3-115 所示，将飘带以外的顶点权重值设置为"0"。

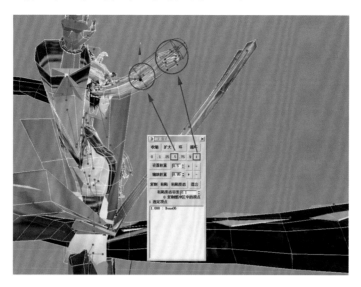

图 3-115　调节头部飘带第二段骨骼封套权重值

（4）镜像复制头部飘带权重。由于模型和骨骼都是对称的，因此可以将调节好的头部飘带权重值镜像复制到对称的另一边。在"编辑封套"模式下，选择调节好的头部飘带的所有顶点，然后激活"镜像模式"按钮，单击 （镜像粘贴）按钮，完成权重值的镜像操作。

3.2.5　调节四肢蒙皮

1. 调节腿部蒙皮

（1）利用 （选择并旋转）工具和 （选择并移动）工具调整腿部骨骼姿态，此时腿部模型有明显拉扯变形，如图 3-116 所示。

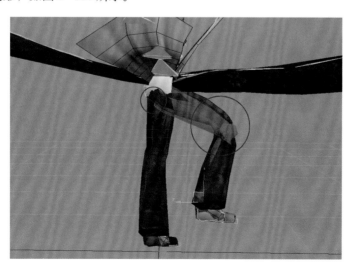

图 3-116　模型出现拉扯变形

（2）使用 （权重工具）按钮纠正腿部模型的变形问题。考虑到腿部的动作比较多，因此在分配权重值的时候，需要细微的操作。首先选中大腿封套的顶点，给其分配权重值为"1"，如图 3-117 所示。然后依次选择小腿、脚掌、脚趾的顶点，分别使用 （权重工具）按钮重新分配权重值为"1""1""1"，如图 3-118 所示。

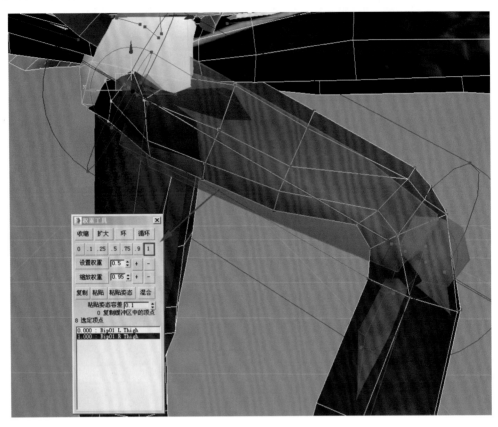

图 3-117　调节大腿骨骼封套权重值

图 3-118　调节其他腿部骨骼封套的权重值

（3）调整腿部关节的权重。关节部位一般把权重值设为"0.5"左右，根据动作调节实际要求，可以使用"权重工具"对话框中"设置权重"右边的"＋""－"微调按钮调节权重值大小，如图 3-119 和图 3-120 所示。

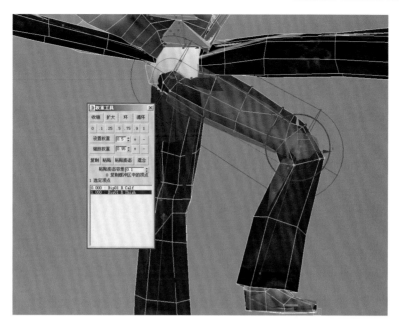

图 3-119　细微调节腿部关节部分的权重值

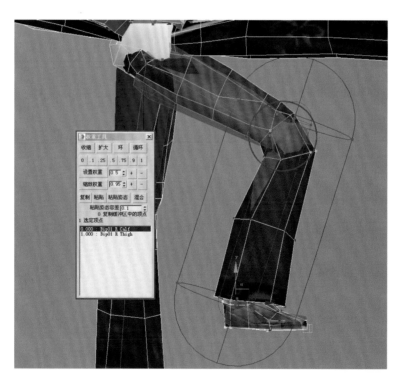

图 3-120　细微调节腿部关节部分的权重值

（4）腿部权重镜像，由于模型是对称的，可以将调节好的腿部权重值镜像复制到对称的另一边。在"编辑封套"模式下，选择调节好的腿部所有顶点，然后激活"镜像模式"，单击 （镜像粘贴）按钮，即可将调节好的腿部权重值镜像给对称的另一边。

2．调节手臂蒙皮

（1）将调节好权重的围裙和腿部利用 ⟳（选择并旋转）工具和 ✥（选择并移动）工具调整成初始姿态，如图 3-121 所示。

图 3-121　初始姿态

（2）观察图 3-121 的手臂部分，有明显的变形拉伸。参考腿部模型拉扯变形问题的调节步骤，处理手臂部分的变形拉伸。注意细微地调节关节部分，调节后的效果如图 3-122 所示。

图 3-122　调节后的效果

3．调节手掌蒙皮

利用 ⟳（选择并旋转）工具和 ✛（选择并移动）工具为手掌添加一个简单的动画，此时发现变形部位，如图 3-123 中左图所示。通过调节权重值来解决变形问题，调整后的效果如图 3-123 中右图所示。

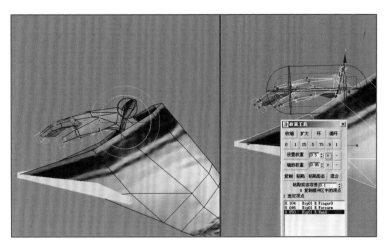

图 3-123　调节手掌权重值

4．调节手指关节的权重值

接下来同样给手指添加一个简单的动画，然后进行权重的调节。女角色的手指模型只有三根手指（中指、无名指、小指为一体模型），因此在调节时也分为三部分进行。这部分调节比较复杂，每根手指的关节要分别添加一次简单动画，再单独调节权重值。

(1)调节小指权重值前的效果如图 3-124 中左图所示，调节小指权重值后的效果，如图 3-124 中右图所示。

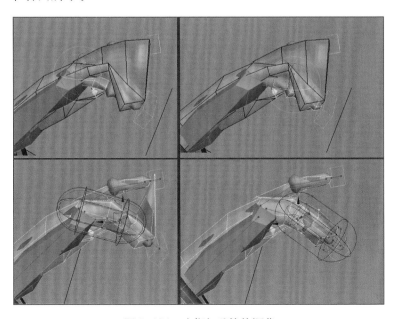

图 3-124　小指权重值的调节

（2）调节食指权重值前的效果如图 3-125 中左图所示，调节食指权重值后的效果如图 3-125 中右图所示。

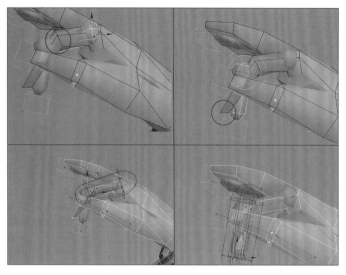

图 3-125　食指权重值的调节

（3）拇指权重值的调节同上面两根手指的调节方法一样，此处不再赘述。

3.2.6　调节身体蒙皮

根据骨骼的结构来调整身体蒙皮。女角色整个身体分为一、二、三段脊椎和盆骨四部分，因此身体蒙皮的调整也分为四部分。

（1）调整第一段脊椎。选择第一段脊椎骨骼，利用 ⟳（选择并旋转）工具旋转骨骼，查看拉伸的模型部位，并调整这部分骨骼的权重值为合理。错误部分的显示效果如图 3-126 中 A 所示，使用权重工具调整后的效果如图 3-126 中 B 所示。

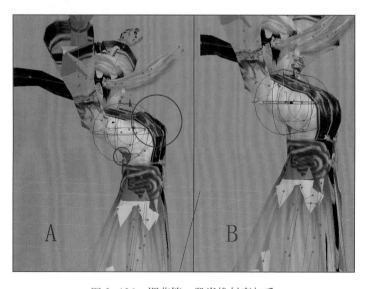

图 3-126　调节第一段脊椎封套权重

（2）调整第二段脊椎。利用 🔘（选择并旋转）工具旋转第二段脊椎骨骼，查看拉伸的模型部位，并调整这部分骨骼的权重值为合理。错误部分的显示效果如图 3-127 中 A 所示，使用权重工具调整后的效果如图 3-127 中 B 所示。

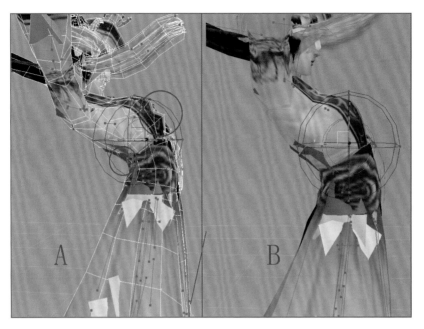

图 3-127　调节第二段脊椎封套权重

（3）调整第三段脊椎。利用 🔘（选择并旋转）工具旋转第三段脊椎骨骼，查看拉伸的模型部位，并调整这部分骨骼的权重值为合理。错误部分的显示效果如图 3-128 中 A 所示，使用权重工具调整后的效果如图 3-128 中 B 所示。

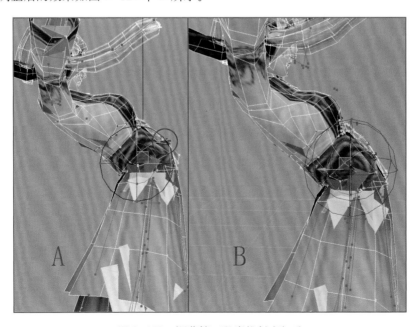

图 3-128　调节第三段脊椎封套权重

（4）盆骨的动画幅度不会很大。同样利用 ⊙ （选择并旋转）工具旋转盆骨，查看拉伸的模型部位，并调整这部分骨骼的权重值为合理。错误部分的显示效果如图 3-129 中 A 所示，使用权重工具调整后的效果如图 3-129 中 B 所示。

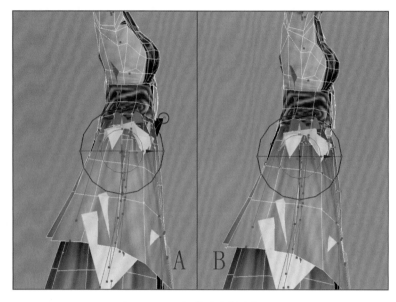

图 3-129　调节骨盆封套权重

3.2.7　调节头部蒙皮

（1）将调节好权重的手臂利用 ⊙ （选择并旋转）工具调整成初始姿态。

（2）选择脖子骨骼，利用 ⊙ （选择并旋转）工具旋转骨骼，查看拉伸的模型部位，并调整这部分骨骼的权重值为合理。错误部分的显示效果如图 3-130 中 A 所示，使用权重工具调整后的效果如图 3-130 中 B 所示。

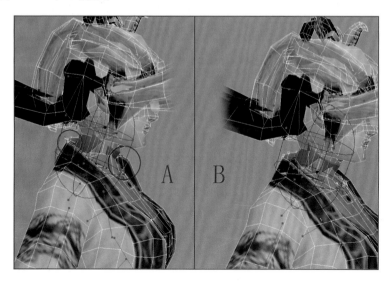

图 3-130　调节脖子封套权重

（3）选择头部骨骼，利用 ⟳（选择并旋转）工具旋转骨骼，查看拉伸的模型部位，并调整这部分骨骼的权重值为合理。错误部分的显示如图 3-131 中 A 所示，使用权重工具调整后的效果如图 3-131 中 B 所示。

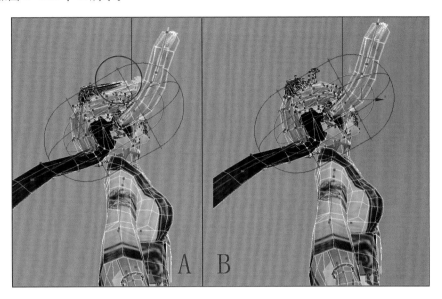

图 3-131　调节头部封套权重

（4）蒙皮调节完成后，利用 ⟳（选择并旋转）工具和 ✜（选择并移动）工具将骨骼调整成初始姿态，如图 3-132 所示。

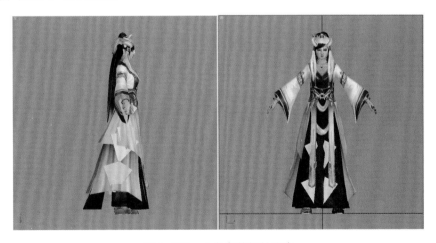

图 3-132　女角色的初始姿态

（5）将文件另存为"女角色蒙皮 .max" 文件。

3.3　女角色的动作

本节包括女角色的歇息动作、女角色的战斗待机动作、女角色的攻击动作、女角色的倒地动作四个部分。

3.3.1 女角色的歇息动作

（1）打开 3.2 节完成的"女角色蒙皮 .max"文件，然后导入"配套资源／第 3 章 女角色的动画／MAX／武器 .max"文件，并利用 ◎（选择并旋转）和 ✦（选择并移动）工具把武器和模型右手对齐，然后利用 ◎（选择并链接）工具将武器骨骼链接到手掌骨骼，如图 3-133 所示。该文件可参考"配套资源／MAX／第 3 章 女角色的动画／女角色歇息动作源文件 .max"文件。

图 3-133　链接骨骼

（2）设置时间滑块的长度，右击 ▶（播放动画）按钮，在弹出的"时间配置"对话框中设置"结束时间"为"60"，如图 3-134 所示，即把时间滑块长度设为 60 帧。

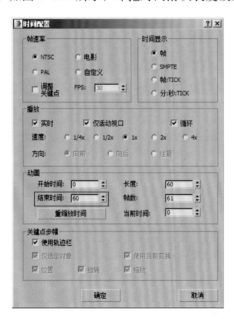

图 3-134　设置时间滑块长度

（3）单击"自动关键点"按钮，将时间滑块拨动到第0帧，然后利用 ⟳（选择并旋转）和 ✛（选择并移动）工具调节骨骼姿态，如图3-135所示。

图3-135　调节第0帧骨骼姿态

（4）复制关键帧衔接动画。选择所有骨骼，再选择第0帧上的关键点，按住【Shift】键，沿图3-136中红色箭头所示方向把关键点拖动到最后一帧，从而将第0帧的关键点复制到第60帧，动画就会衔接起来。

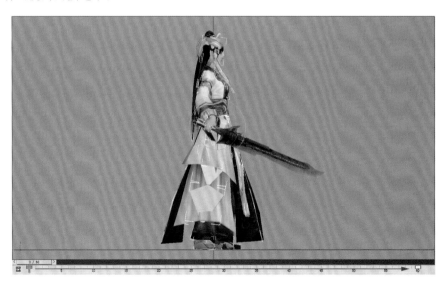

图3-136　复制关键点

（5）把时间滑块拨动到第 30 帧，把"轴心点"向上调高一点，脊椎向前弯一点。这样，即完成了女角色在第 0 帧、第 30 帧、第 60 帧的 3 个姿态，如图 3-137 所示。注意这几帧的姿态变化较小，不要调得幅度过大，否则容易造成运动过快。

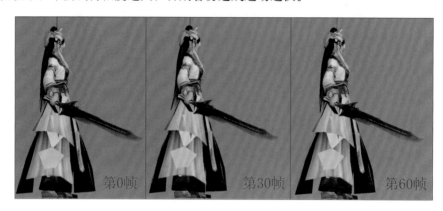

图 3-137 记录关键点

（6）点击回（播放动画）按钮播放动画，可以看到女角色身体的起伏，如果动作过于生硬则是幅度过大造成的，做适当的修改，完成歇息动作。完成后将文件保存为"配套资源／MAX／第 3 章 女角色的动画／女角色歇息动作结果 .max"。

3.3.2 女角色的战斗待机动作

（1）打开 3.3.1 节完成的"女角色歇息动作结果 .max"文件。选择所有骨骼，删除所有关键点（删除关键点后的文件可参考"配套资源／MAX／第 3 章 女角色的动画／女角色战斗待机动作源文件 .max"文件）。然后右击▶（播放动画）按钮，在弹出的"时间配置"对话框中设置"结束时间"为"50"，即把时间滑块长度设为 50 帧。

（2）单击"自动关键点"按钮，把时间滑块拨动到第 0 帧，然后利用〇（选择并旋转）和✛（选择并移动）工具调节骨骼为战斗姿态，如图 3-138 所示。

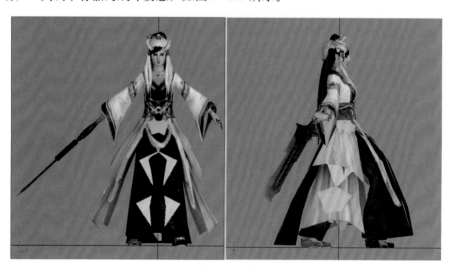

图 3-138 调节第 0 帧骨骼姿态

（3）选择所有骨骼。再选择第0帧上的关键点并按住【Shift】键，拖动到最后一帧，从而将第0帧的关键点复制到第50帧，动画就会衔接起来。

（4）把时间滑块拨动到第25帧，把"轴心点"向上调高一点，脊椎向前弯一点。即完成了女角色在第0帧、第25帧、第50帧的3个姿态，如图3-139所示。注意这几帧的姿态变化稍微比女角色歇息动作大一点，不要调得幅度过大，否则容易造成运动过快。

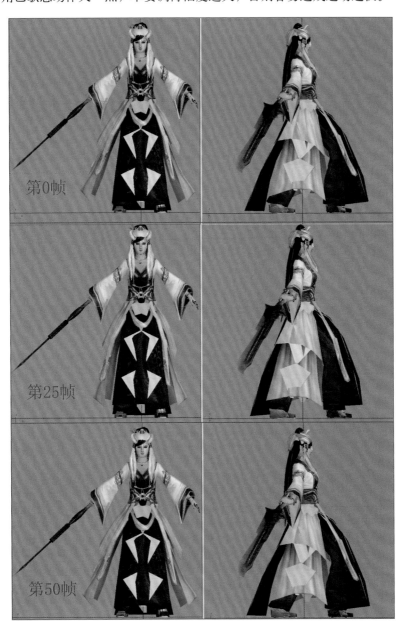

图 3-139　记录战斗待机的关键点

（5）单击▶（播放动画）按钮播放动画，即可看到女角色身体的起伏。此时如果动作过于生硬则是因为动作幅度过大造成的，只要做适当的修改即可。完成战斗待机动作设置后，将文件保存为"配套资源/MAX/第3章 女角色的动画/女角色战斗待机动作结果.max"。

3.3.3 女角色的攻击动作

启动 3ds Max 2016，首先来看一下女角色攻击动作图片序列和关联帧的安排，如图 3-140 所示，这些都是女角色的攻击动作的参考。

图 3-140 女角色攻击动作序列图

（1）打开 3.3.2 节完成的"女角色战斗待机动作结果 .max"文件，选择所有骨骼，删除除第 0 帧的关键点。（删除关键点后的文件可参考"配套资源／MAX／第 3 章 女角色的动画／女角色的攻击动作源文件 .max"文件）

（2）单击"自动关键点"按钮，把时间滑块拨动到第 5 帧，利用 ◎（选择并旋转）工具和 ✛（选择并移动）工具调节骨骼姿态，如图 3-141 所示。

图 3-141 女角色第 5 帧骨骼姿态

（3）把时间滑块拨动到第 10 帧，利用 ◎（选择并旋转）工具和 ✛（选择并移动）工具调节骨骼姿态，如图 3-142 所示。

图 3-142　第 10 帧骨骼姿态

（4）把时间滑块拨动到第 20 帧，利用 （选择并旋转）工具和 （选择并移动）工具调节骨骼姿态，如图 3-143 所示。

图 3-143　第 20 帧骨骼姿态

（5）将时间滑块拨动到第 25 帧，利用 （选择并旋转）工具和 （选择并移动）工具调节骨骼姿态，如图 3-144 所示。

图 3-144　第 25 帧骨骼姿态

（6）将时间滑块拨动到第 30 帧，利用 ⟳（选择并旋转）工具和 ✛（选择并移动）工具调节骨骼姿态，图 3-145 所示。

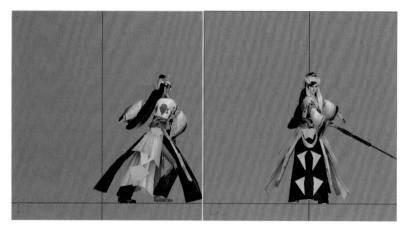

图 3-145　第 30 帧骨骼姿态

（7）单击 ▶（播放动画）按钮播放动画，这时可以看到攻击动作，观察动作是否流畅。做适当的修改，完成攻击动作。完成后将文件保存为"配套资源／MAX／第 3 章　女角色的动画／女角色攻击动作结果 .max"。

3.3.4　女角色的倒地动作

（1）打开 3.3.3 节完成的"女角色攻击动作结果 .max"文件。选择所有骨骼，删除第 0帧的关键点。（删除关键点后的文件可参考"配套资源／MAX／第 3 章　女角色的动画／女角色倒地动作源文件 .max"文件）。

（2）选择武器的骨骼，进入 ◉（运动）面板，在"指定控制器"卷展栏里选择"变换：链接约束"，然后单击 ◻（指定控制器）按钮，如图 3-146 所示，接着选择"链接约束"选项，单击"确定"按钮。

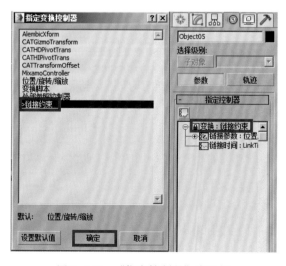

图 3-146　"指定控制器"卷展栏

（3）单击自动关键点按钮，将时间滑块拨动到第0帧，单击"添加链接"按钮，然后单击右手手掌骨骼，即把武器的骨骼链接到右手手掌骨骼上，如图3-147所示。

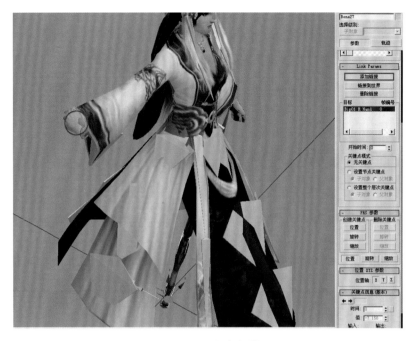

图3-147　添加链接

⊕ 提 示

　　为武器骨骼指定链接约束后，武器骨骼就会变动位置。这时要利用 ⟳（选择并旋转）工具和 ✥（选择并移动）工具再次匹配武器和右手手掌模型。

（4）把时间滑块拨动到第10帧，利用 ⟳（选择并旋转）工具和 ✥（选择并移动）工具调节骨骼姿态，如图3-148所示。

图3-148　第10帧骨骼姿态

（5）将间滑块拨动到第 21 帧，利用 ⟳（选择并旋转）工具和 ✛（选择并移动）工具调节骨骼姿态，如图 3-149 所示。然后，在武器下方创建一个虚拟体"Dummy01"，如图 3-149 所示。

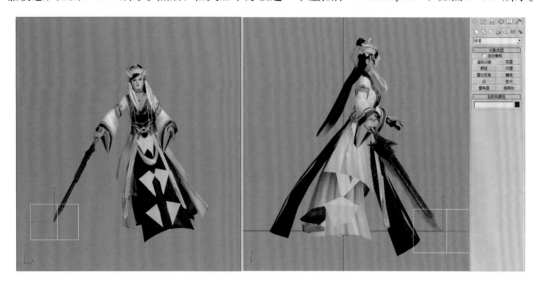

图 3-149　第 21 帧骨骼姿态

（6）确定时间滑块在第 21 帧，选择武器骨骼，再次添加链接，链接到虚拟体"Dummy01"。这样第 0 帧到第 21 帧，武器受右手手掌的影响，而第 21 帧到动画结束，武器受虚拟体"Dummy01"的影响。

（7）调节时间滑块到第 29 帧，利用 ⟳（选择并旋转）工具和 ✛（选择并移动）工具调节骨骼和虚拟体姿态，如图 3-150 所示。

图 3-150　第 29 帧骨骼姿态

（8）将时间滑块拨动到第 40 帧，利用 ⟳（选择并旋转）工具和 ✛（选择并移动）工具调节骨骼姿态，如图 3-151 所示。

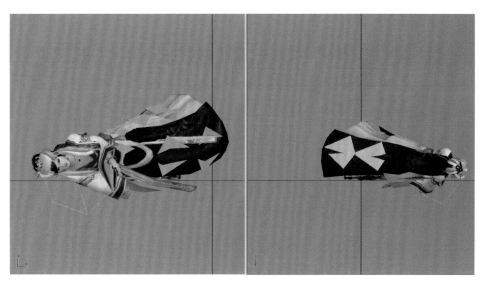

图 3-151　第 40 帧骨骼姿态

（9）从 40 帧到 50 帧的头发、飘带和围裙等小幅度的动画调整，请参考配套资源中的视频文件制作。

（10）单击 ▶ （播放动画）按钮播放动画，看到女角色死亡倒地的动作，观察动作是否流畅。最后，做适当的修改，完成女角色死亡倒地动作。完成后将文件保存为"配套资源／MAX／第 3 章 女角色的动画／女角色倒地动作结果 .max"文件。

课 后 练 习

一、填空题

1. 在 Character Studio 工具中调节角色重心时，一般调节＿＿＿＿＿＿＿＿＿＿。

2. Character Studio 工具中创建"Bips"时，一般在＿＿＿＿＿＿＿＿＿＿视图中完成。

3. ▣ （复制姿态）按钮的快捷键是＿＿＿＿＿＿＿＿＿＿，▣ （粘贴姿态）按钮的快捷键是＿＿＿＿＿＿＿＿＿＿，▣ （粘贴相反姿态）按钮的快捷键是＿＿＿＿＿＿＿＿＿＿。

二、问答题

在制作角色动画时，为什么有时需要给角色打上踩踏关键帧？

三、制作题

利用本章实例模型，自己制作另一种女角色战斗的动作。

第 **4** 章

飞龙的动画制作

　　无论是魔幻电影，还是网络游戏，飞龙的角色总是不可或缺的。飞龙飞翔时的优雅、攻击时的强悍、休息时的自若，使它的一举一动都备受瞩目如图 4-1 所示，本章向读者详细讲解实例——西方飞龙的动画制作，同样使用的是 Character Studio 骨骼系统。对于 Character Studio 骨骼系统，大家在前面章节已经初步接触学习，通过本章的学习，读者应掌握飞行类怪兽的动画制作方法和流程。

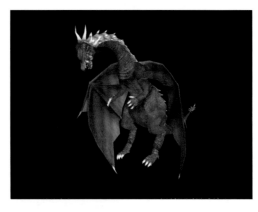

(a) NPC_飞龙站立动作　　　　　　　　　(b) NPC_飞龙攻击动作

(c) 飞龙的旋转飞翔动作

图 4-1　飞龙动作效果图

4.1 Character Studio 骨骼的创建

启动 3ds Max 2016，打开"配套资源 /MAX/ 第 4 章 飞龙的动画 /NPC_ 飞龙 .max"
文件，然后单击 ❖（创建）面板下 ❖（系统）中的"Biped"按钮，接着在透视图中创建一个
"Biped"两足角色——Bip01，如图 4-2 所示。

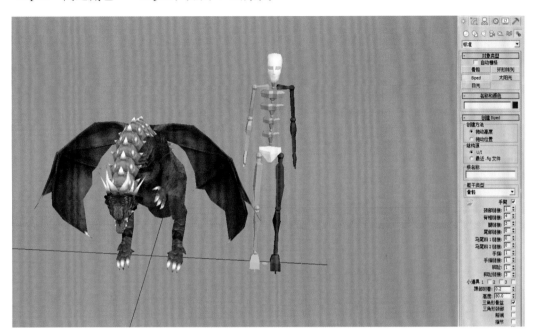

图 4-2　在透视图中创建一个"Biped"两足角色

4.2 飞龙的骨骼设定

飞龙的骨骼设定包括飞龙的基础骨骼设定、飞龙身体骨骼的调整、飞龙四肢骨骼的调整、
飞龙尾巴骨骼的调整、飞龙头部骨骼的调整、飞龙下颚骨骼的调整、飞龙翅膀骨骼的调整、
骨骼的链接等八部分内容。

4.2.1 飞龙基础骨骼的设定

在调整飞龙的基础骨骼之前，要把飞龙的全部模型选中并且冻结，这样保证在调整飞龙
骨骼的操作过程中，飞龙的模型不会因为被误选而出现错误。选中飞龙模型，打开 ▣（显示）
面板，取消选中"以灰色显示冻结对象"复选框，如图 4-3（a）所示，从而使飞龙的模型显
示出真实颜色。然后在视图中右击，从弹出的快捷菜单中选择"冻结当前选择"命令，即可
冻结飞龙模型，如图 4-3（b）所示。

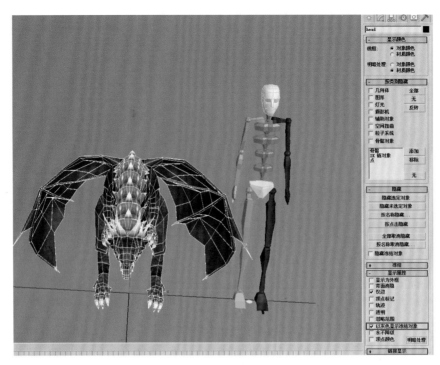

（a）显示模型真实颜色

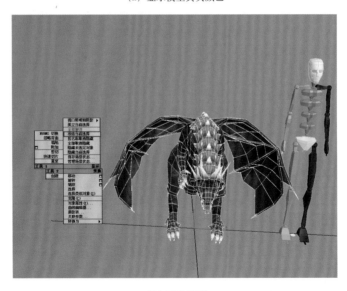

（b）冻结模型

图 4-3　冻结飞龙模型

4.2.2　飞龙身体骨骼的调整

（1）打开 （运动）面板，单击飞龙骨骼，选择"结构"卷展栏下"躯干类型"中的"标准"选项，将飞龙骨骼的显示改为标准类型，然后单击 （体形模式）按钮，进入体形模式，并调节飞龙骨骼的体形参数，如图 4-4 所示。

（2）在前视图中选择飞龙骨骼的轴心（位于飞龙小腹中心的菱形物体），然后利用 ⊹（选择并移动）工具将轴心移动到飞龙模型的重心位置，如图 4-5 红色圆圈所示。

（3）切换到左视图，再次选择飞龙骨骼的轴心，然后利用 ⊹（选择并移动）工具把轴心移动到模型的重心位置，如图 4-6 所示。

图 4-4　调节骨骼显示参数

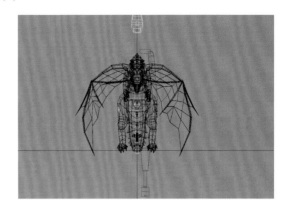

图 4-5　在前视图移动骨骼轴心

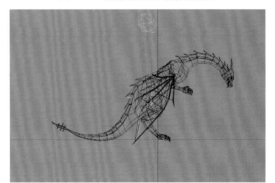

图 4-6　在左视图移动骨骼轴心

（4）在前视图和左视图中，使用 ▦（选择并匀称缩放）工具将 Bip01 Pelvis 骨骼放至最大，如图 4-7 所示。

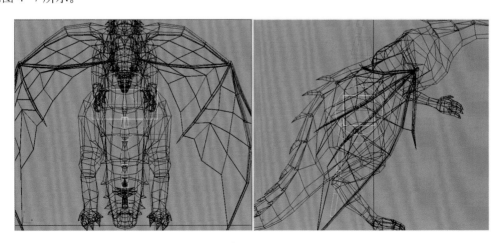

图 4-7　放大 Bip01 Pelvis 骨骼

（5）分别在前视图和左视图中利用 ⊹（选择并移动）工具、◔（选择并旋转）工具和 ⬕（选择并匀称缩放）工具将脊椎与模型匹配对齐，使骨骼对模型的影响更为精确，如图4-8所示。

图4-8　将飞龙脊椎与模型匹配对齐

4.2.3　飞龙四肢骨骼的调整

由于飞龙的四肢是左右对称的，因此在匹配飞龙骨骼和模型时，只需先调整好一边的骨骼形态，再复制给另一边的骨骼即可，这样可以提高制作效率，为后面的调整节省时间。

（1）匹配飞龙肩膀的骨骼。利用 ⊹（选择并移动）工具、◔（选择并旋转）工具和 ⬕（选择并匀称缩放）工具将飞龙肩膀部分的骨骼与相对应的模型匹配，如图4-9所示。

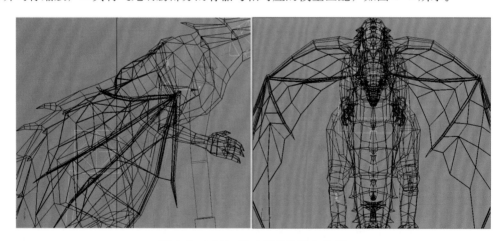

图4-9　匹配一边肩膀的骨骼与模型

（2）匹配手臂、手掌的骨骼。在左视图和前视图中，继续利用 ◔（选择并旋转）工具和 ⬕（选择并匀称缩放）工具将手臂的骨骼、手掌的骨骼与模型进行匹配，如图4-10所示。

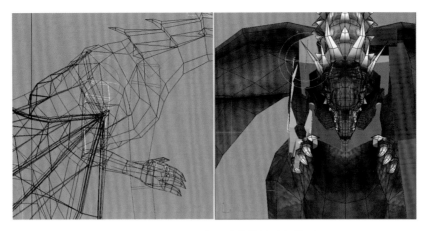

图 4-10　匹配手臂和手掌的骨骼与模型

（3）匹配手指的骨骼。由于手指的动作比较灵活，因此这一步要细心操作。使用 ![图标]（选择并移动）工具、![图标]（选择并旋转）工具和 ![图标]（选择并匀称缩放）工具在不同视图中将每个手指的关节与骨骼匹配准确，如图 4-11 所示。

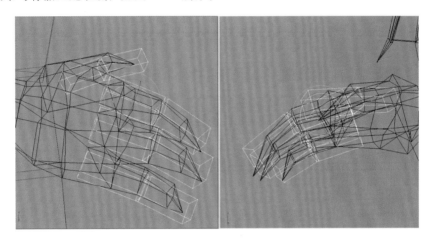

图 4-11　匹配手指关节的骨骼与模型

（4）匹配腿部的骨骼。先在正视图中进行匹配，再到左视图中观察调整。注意膝盖一定要和模型匹配准确，匹配后的效果如图 4-12 所示。

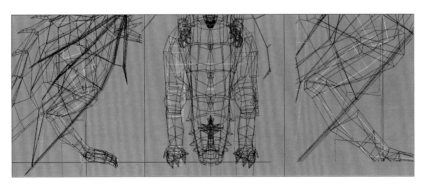

图 4-12　匹配腿部的骨骼与模型

（5）选择已经匹配好的手臂和腿部骨骼，然后单击"复制／粘贴"卷展栏中的 （创建集合）按钮，再单击 （复制姿态）按钮，接着单击 （向对面粘贴姿态）按钮，如图4-13所示，从而将所选骨骼复制粘贴到对称的另一边，即完成骨骼的复制，如图4-14所示。

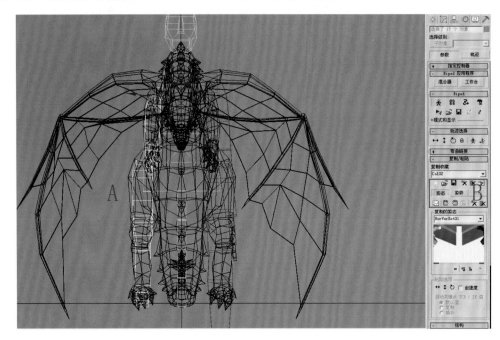

图4-13　将调整好的四肢骨骼复制到另一边

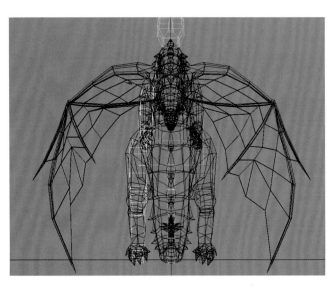

图4-14　骨骼复制完成效果

4.2.4　飞龙尾巴骨骼的调整

在左视图和前视图中，利用 （选择并移动）工具、 （选择并旋转）工具和 （选择

并匀称缩放）工具将飞龙的头部骨骼、颈部骨骼和模型匹配对齐，匹配后的效果如图4-15所示。

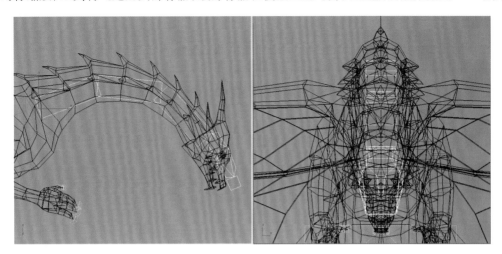

图 4-15　匹配飞龙头、颈部的骨骼与模型

4.2.5　飞龙头部骨骼的调整

在左视图和前视图中，利用 ![icon]（选择并移动）工具、![icon]（选择并旋转）工具和![icon]（选择并匀称缩放）工具将飞龙的头部骨骼和模型匹配对齐，匹配后的效果如图4-16所示。

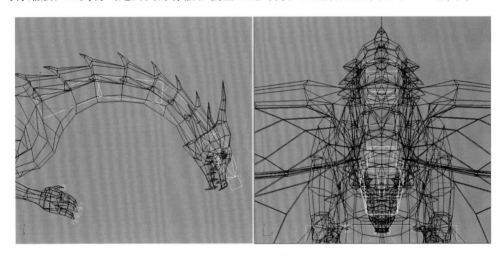

图 4-16　匹配飞龙头部的骨骼与模型

4.2.6　飞龙下颚骨骼的调整

进入左视图，单击![icon]（创建）面板下![icon]（系统）中的"骨骼"按钮，然后在飞龙下颚创建1根骨骼，接着利用![icon]（选择并移动）工具和![icon]（选择并旋转）工具，将创建的骨骼与飞龙下颚匹配对齐，如图4-17所示。

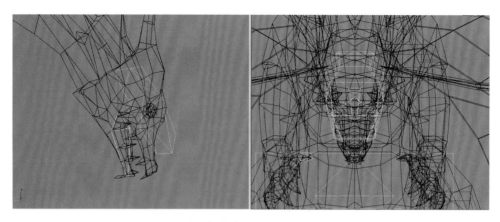

图 4-17　创建并匹配飞龙下颚的骨骼

4.2.7　飞龙翅膀骨骼的调整

（1）利用"骨骼工具"为飞龙翅膀创建骨骼，然后利用 ![icon]（选择并移动）工具和 ![icon]（选择并旋转）工具将翅膀骨骼和模型进行匹配对齐，如图 4-18 所示。

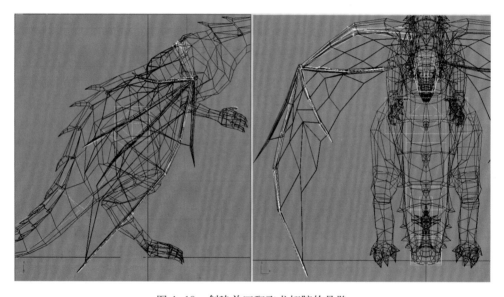

图 4-18　创建并匹配飞龙翅膀的骨骼

> ⊕ **提 示**
>
> 此步骤操作时注意需要在前视图和左视图中进行。

（2）复制翅膀的骨骼。按住【Shift】键的同时，拖动所有翅膀骨骼至另外一侧，然后在弹出的"克隆选项"对话框中选择"复制"单选按钮，如图 4-19 所示，单击"确定"按钮。接着单击 ![icon]（镜像）按钮，在弹出的对话框中选择"镜像轴"为"X"轴，"克隆当前选择"组中选择"不克隆"单选按钮，如图 4-20 所示，单击"确定"按钮。最后利用 ![icon]（选择并移

动）工具把骨骼和翅膀对齐，匹配好骨骼的翅膀模型如图 4-21 所示。

图 4-19 "克隆选项"对话框

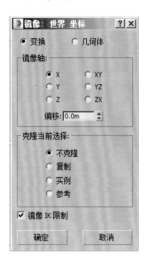

图 4-20 "镜像：世界坐标"对话框

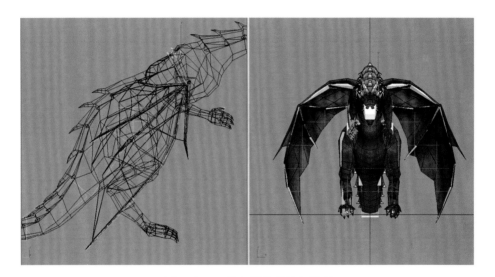

图 4-21 匹配翅膀的骨骼与模型

4.2.8 骨骼的链接

完成骨骼与模型的匹配后，需要对骨骼与 Biped 骨骼进行链接，确保调节飞龙的动作时，两种骨骼不会产生脱节，比如调节头部的动作，就需要两种骨骼（头部的 Biped 骨骼和下颚的骨骼）共同作用。

（1）同时选择下颚的骨骼，利用 （选择并链接）工具将其链接到头部骨骼上，如图 4-22 所示。

（2）将飞龙翅膀骨骼链接到脊椎骨骼上。同时选择两边的第一根翅膀骨骼，然后利用 （选择并链接）工具，将其拖动到最后一段脊椎骨骼上，如图 4-23 所示。

（3）最终，完成了飞龙模型的骨骼设定，如图 4-24 所示。

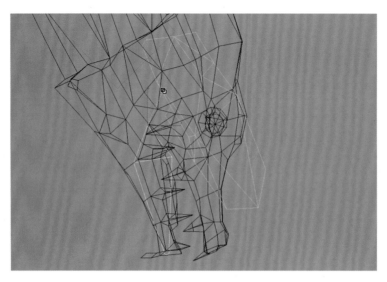

图 4-22　将下颚骨骼链接至头部骨骼

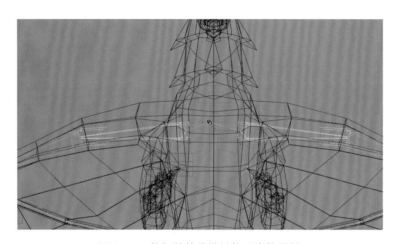

图 4-23　将翅膀的骨骼链接至脊椎骨骼

图 4-24　完成飞龙的骨骼设定

4.3 飞龙的蒙皮设定

飞龙的蒙皮设定包括添加"蒙皮"修改器、调节封套、调整翅膀蒙皮、调整四肢蒙皮、调整尾巴蒙皮、调整身体蒙皮、调整头部蒙皮等七个部分内容。

4.3.1 添加蒙皮修改器

（1）打开设定好骨骼的飞龙模型文件，然后选择全部的模型，打开 （修改）面板，在修改器下拉菜单中选择"蒙皮"修改器，如图 4-25 所示。

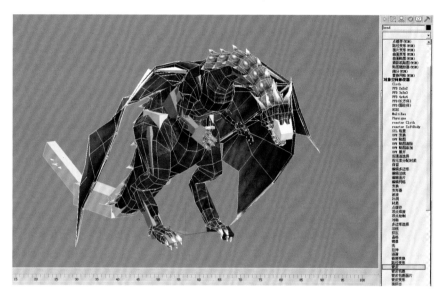

图 4-25 为完成骨骼设定的模型添加"蒙皮"修改器

（2）单击 （修改）面板下的"添加"按钮，在弹出的"选择骨骼"对话框列表中选择全部骨骼，如图 4-26 所示，单击"选择"按钮。

图 4-26 "添加"对话框参数设置

4.3.2　调节封套

为骨骼指定"蒙皮"修改器后，还不能调节飞龙的动作。因为这时骨骼对模型顶点的影响范围是不合理的，在调节动作时会使模型产生变形和拉伸。因此在调节之前要先使用"编辑封套"的方式改变骨骼对模型的影响范围，为下一步的操作做好准备。

1．调节尾部封套

（1）选中骨骼，单击"编辑封套"按钮，选中"顶点"复选框，如图 4-27 所示。

（2）调节尾巴封套。选择尾巴封套，默认情况下它的影响范围值会偏大一些，如图 4-28 中 A 中所示。此时要将它调小至最佳影响范围，如图 4-28 中 B 所示。

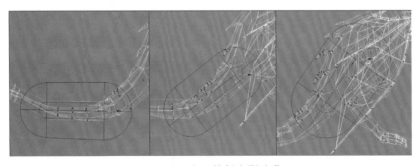

图 4-27　进入"编辑
　　　封套"状态

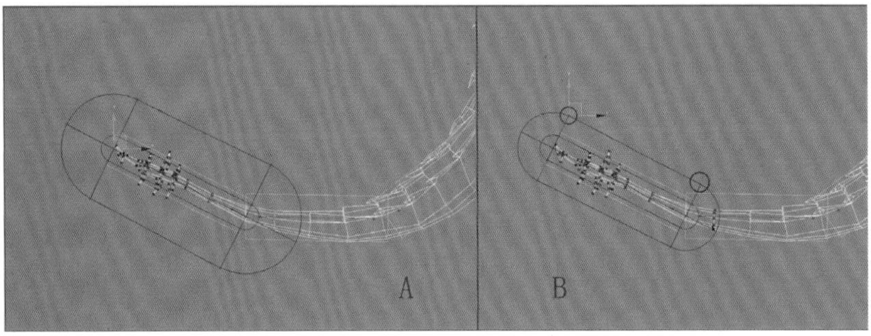

图 4-28　调节尾巴封套

（3）同理，调节其他三段尾巴封套。不合理的封套影响范围如图 4-29 所示，调节后的封套影响范围如图 4-30 所示。

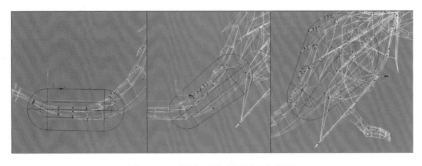

图 4-29　不合理的封套影响范围

图 4-30　调节后的封套影响范围

2．调节头颈部封套

（1）调节头部封套。选择头部封套，通过观察模型发现，封套范围没有包括头部的所有顶点，如图 3-31 中 A 所示。下面调节头部的封套范围，使其包括头部的所有顶点。图 3-31 中 B 所示为调节到最佳封套范围的显示效果。

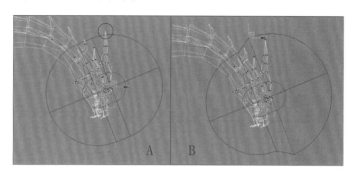

图 4-31　调节头部封套

（2）调节下颚封套。选择头部封套，通过观察模型发现，它的默认影响范围值偏大一些，如图 4-32 中 A 所示。此时要把它调小至最佳影响范围，如图 4-32 中 B 所示。

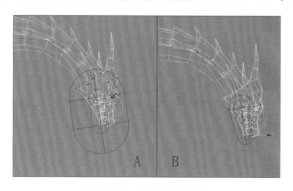

图 4-32　调节下颚封套

（3）调节颈部封套。选择颈部封套，通过观察模型发现，封套范围没有完全包括第一段颈部的所有顶点，如图 4-33 中 A 红色圆圈所示。下面调节颈部的封套范围，使其包括第一段颈部的所有顶点。图 4-33 中 B 所示为调节到最佳封套范围的显示效果。

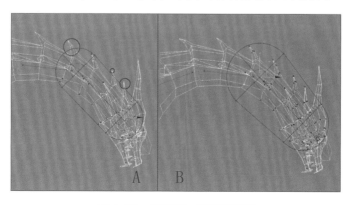

图 4-33　调节第一段颈部封套

（4）同理，调节其他两段颈部封套。不合理的封套影响范围如图 4-34 中 A 所示，调节后的封套影响范围如图 4-34 中 B 所示。

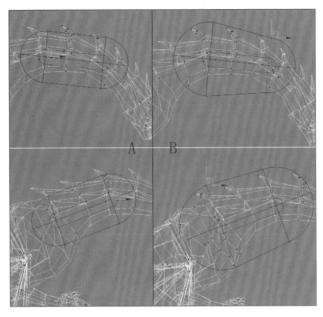

图 4-34　调节其他两段颈部封套

3. 调节轴心点和肩膀骨骼封套

调整轴心点和肩膀骨骼的封套。注意把轴心点和肩膀的封套影响范围调节到最小，不能包括任何模型的顶点，原因是在 3ds Max 2016 软件中，轴心点会影响其他骨骼的动作，所以给它设置封套影响值没有意义。而飞龙是没有肩膀的，所以不用添加肩膀骨骼，但这段骨骼不能在"Biped"骨骼中单独去掉，所以将它的肩膀封套影响范围设置为最小，确保轴心点和肩膀骨骼封套下影响模型任何顶点。

4. 调节身体封套

调节身体封套，观察本例中的飞龙身体模型，会发现飞龙的身体模型构成分为上、中、下三段（脊椎）和髋部四部分。在调节封套时，按照这四部分来调节，注意手臂附近封套的影响范围，如图 4-35 ~ 图 4-42 所示。

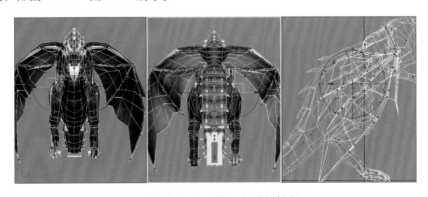

图 4-35　不合理的飞龙髋部封套

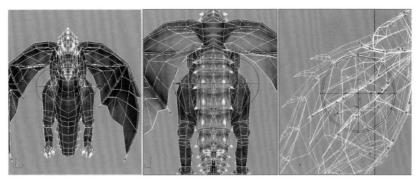

图 4-36 调节后的怪物髋部封套

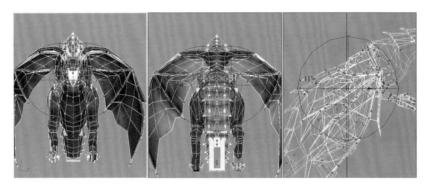

图 4-37 不合理的飞龙第三段脊椎封套

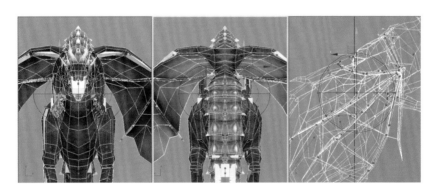

图 4-38 调节后的飞龙第三段脊椎封套

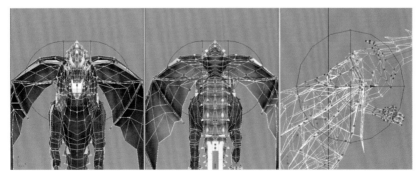

图 4-39 不合理的飞龙第二段脊椎封套

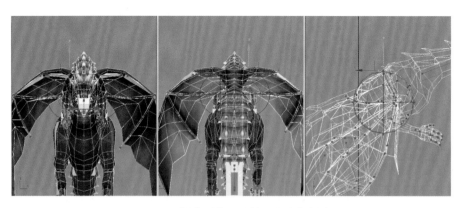

图 4-40　调节后的飞龙第二段脊椎封套

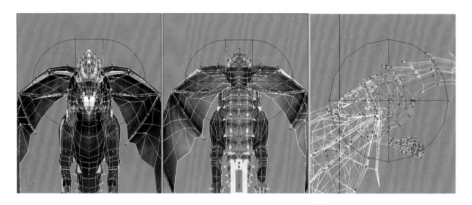

图 4-41　不合理的飞龙第一段脊椎封套

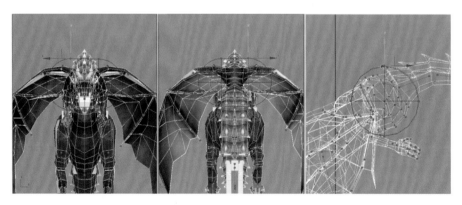

图 4-42　调节后的飞龙第一段脊椎封套

5. 调节四肢封套

（1）调节大腿的封套。通过观察模型会发现，飞龙的翅膀、大腿交接处的顶点距离很近，如图 4-43 中 A 所示。在调整大腿的封套时，要注意封套影响范围值的调整，不要出现互相影响的问题。图 4-43 中 B 为调整到最佳封套范围的显示效果。单击 🖳（复制封套）按钮，然后选择对称的另外一边的手臂封套，单击 🖳（粘贴封套）按钮，从而将调整为最佳影响范围的上臂封套复制到对称的另外一边。

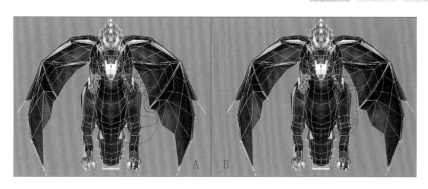

图 4-43　调节大腿封套影响范围

（2）调节小腿封套。调节小腿封套时要注意处理好尾巴与小腿封套影响范围值的关系。不合理的封套影响范围如图 4-44 中 A 所示，调节后的封套影响范围如图 4-44 中 B 所示。然后将调整好的封套复制到对称的另外一边。

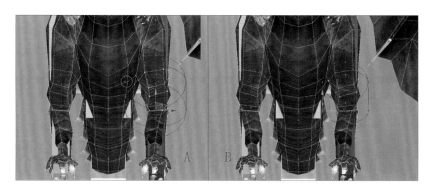

图 4-44　调节小腿封套影响范围

（3）调节脚掌、脚趾封套并复制封套到另外一边。不合理的封套影响范围如图 4-45 中 A 所示，调整后的封套影响范围如图 4-45 中 B 所示。然后将调整好的封套复制到对称的另外一边。

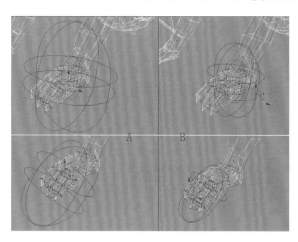

图 4-45　调节封套影响范围

（4）调节上臂的封套。通过观察模型会发现，飞龙的胸部、上臂交接处的顶点距离很近，如图 4-46 中 A 所示。在调整上臂的封套时，要注意封套影响范围值的调整，不要出现互相影响的问题。图 4-46 中 B 所示为调整到最佳封套范围的显示效果。然后将调整好的封套复制到对称的另外一边。

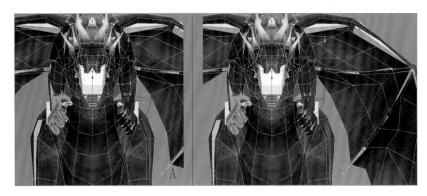

图 4-46　调节上臂封套影响范围

（5）调节前臂封套。调节前臂封套时要注意处理好胸部与前臂封套影响范围值的关系。不合理的封套影响范围如图 4-47 中 A 所示，调节好的封套影响范围如图 4-47 中 B 所示。然后将调整好的封套复制到对称的另外一边。

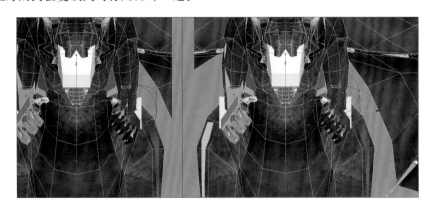

图 4-47　调节前臂封套影响范围

（6）调节手掌、手指封套并复制封套到另外一边。不合理的封套影响范围如图 4-48 所示，调整好的封套影响范围见图 4-49。然后将调整好的封套复制到对称的另外一边。

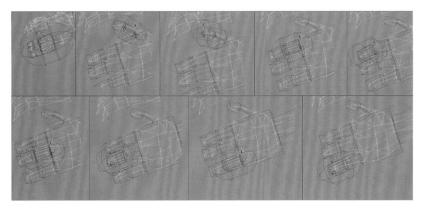

图 4-48　不合理的封套影响范围

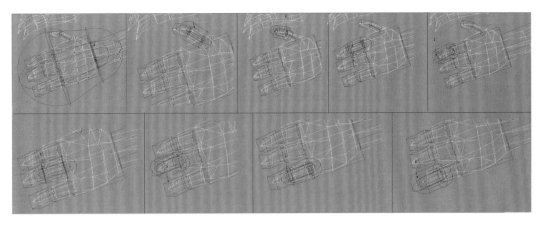

图 4-49 调整后的封套影响范围

（7）翅膀的封套不需调节。因为翅膀封套没有影响其他部分顶点，保持默认影响即可，如图 4-50 所示。

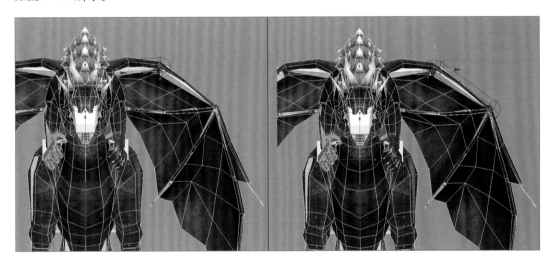

图 4-50 翅膀封套

4.3.3 调节翅膀蒙皮

（1）单击 （权重工具）按钮，弹出图 4-51 所示的"权重工具"面板。单击"自动关键点"按钮，给翅膀添加一个简单动画，此时翅膀部分的模型有明显的拉扯变形，如图 4-52 所示。

（2）解决翅膀拉扯变形的问题。选择翅膀骨骼封套，将图 4-53 中封套两端的顶点设置为"0.5"，将图 4-53 中红色圆圈处的顶点设置为"1"，将红色方框处的顶点设置为"0.75"，将红色三角形处的顶点设置为"0.25"。

（3）同理，调节剩下的封套权重，如图 4-54 所示。

（4）镜像翅膀权重。由于模型是对称的，可以将调节好的翅膀权重值镜像给对称的另一边。在"编辑封套"模式下，选择调节好的翅膀所有顶点，然后激活"镜像模式"按钮，单击 （镜像粘贴）按钮，如图 4-55 所示，即将调节好的翅膀权重值镜像给对称的另一边。

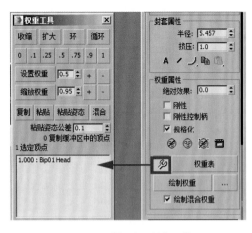

图 4-51 "权重工具"面板

图 4-52 模型出现拉扯变形

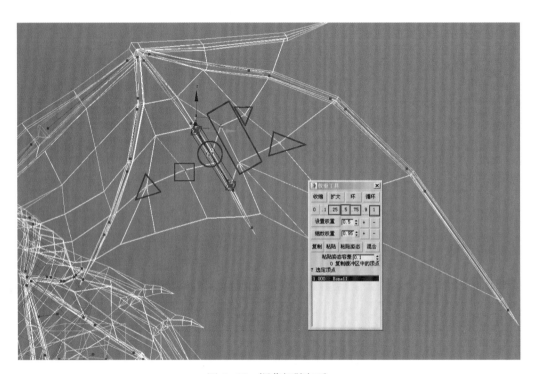

图 4-53 调节翅膀权重

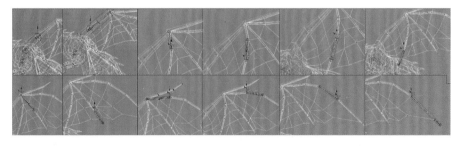

图 4-54 调节翅膀权重

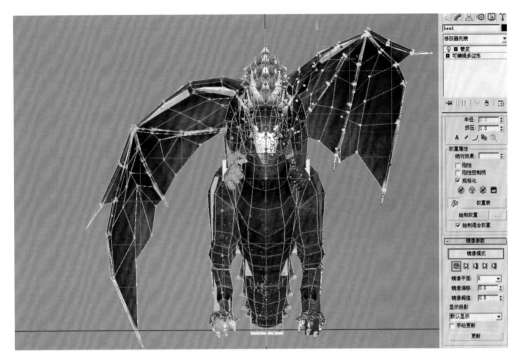

图 4-55　权重值镜像

4.3.4　调节四肢蒙皮

（1）选择手臂骨骼，然后利用 ◯（选择并旋转）和 ✛（选择并移动）工具调整其姿态，此时手臂部分的模型有拉扯变形，如图 4-56 所示。

图 4-56　模型出现拉扯变形

（2）接下来，使用 ✐（权重工具）按钮来纠正手臂模型的拉扯变形问题。单击手臂部分的封套，进入编辑状态，然后选中影响范围不合理的顶点，使用 ✐（权重工具）为其重新分配合理的权重值。考虑到腿部的动作比较多，因此在分配权重值时，需要细微地操作。首先选中上臂的顶点，给其分配权重值为"1"，如图 4-57 所示。然后依次选择前臂、手掌的顶点，也分别分配权重值为"1"，如图 4-58 所示。

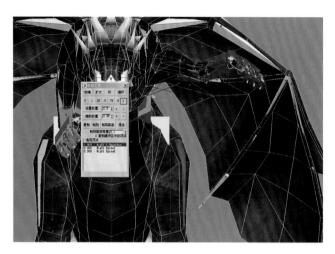

图 4-57　调节上臂权重

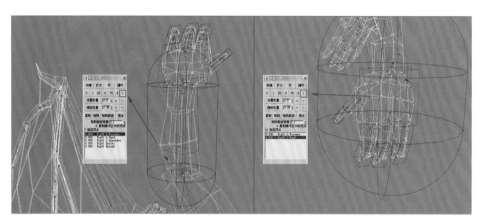

图 4-58　调节手部权重

（3）当完全纠正了手部变形的问题后，再进行关节部位顶点的细节调整。一般把关节部位权重值设为"0.5"左右，根据动作调节实际要求，可以使用"权重工具"面板中"设置权重"右边的"＋""－"微调按钮微调权重值大小，调整过程如图 4-59 和图 4-60 所示。

图 4-59　细微调节手部关节部分的权重

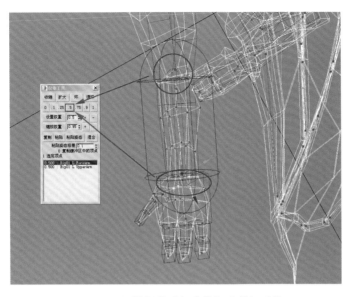

图 4-60　细微调节手部关节部分的权重值

（4）给手指添加一个简单的动画，然后进行调节。这部分调节比较复杂，每根手指的关节要分别做一次简单动画，再单独调节权重值。

（5）调节小指的权重值，如图 4-61 所示。

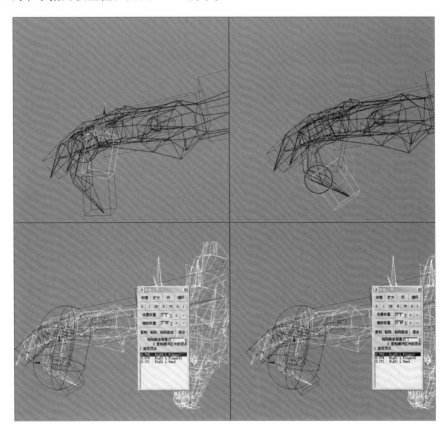

图 4-61　调节小指权重值

（6）调节中指的权重值，如图 4-62 所示。

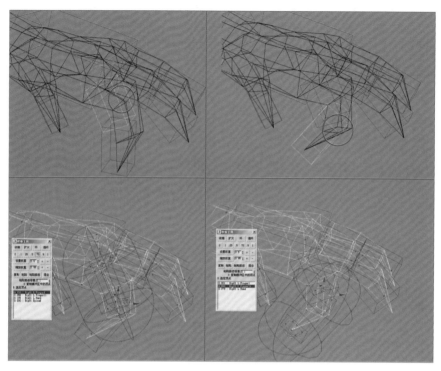

图 4-62　调节中指的权重值

（7）剩下的一根手指的调节方法同上面两根手指相同。此处不再赘述。

（8）镜像手部和臂部权重。由于模型是对称的，可以将调节好的手部和臂部权重值镜像复制到对称的另一边。在"编辑封套"模式下单击"镜像模式"按钮，然后单击（镜像粘贴）按钮进行镜像，即将调节好的手部和臂部权重值镜像复制到对称的另一边。

（9）利用（选择并旋转）和（选择并移动）工具调整模型姿态，如图 4-63 所示，此时腿部的模型有拉扯变形。

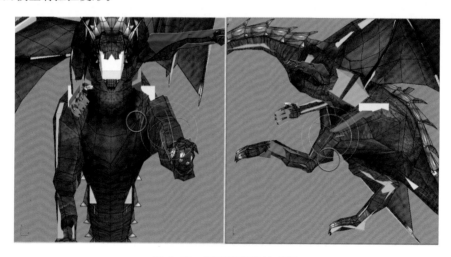

图 4-63　模型出现拉扯变形

（10）调整大腿的权重细节，调节好的大腿权重如图4-64所示。

图4-64　调节大腿权重

（11）调整小腿的权重细节，调节好的小腿权重如图4-65所示。

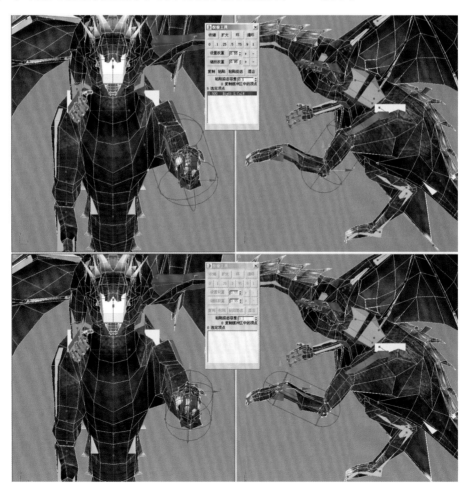

图4-65　调节小腿权重

（12）给脚掌添加一个简单的动画。此时错误权重值的显示效果如图 4-66 中 A 所示。下面调节权重，调节好权重值的显示效果如图 4-66 中 B 所示。

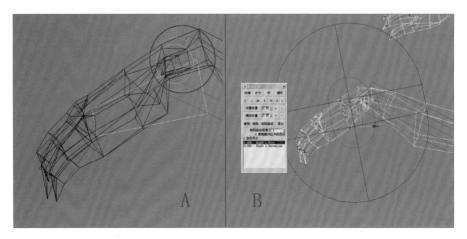

图 4-66　调节脚掌权重

（13）给脚趾添加一个简单的动画。此时错误权重值的显示效果如图 4-67 中 A 所示。下面调节权重，调节好权重值的显示效果如图 4-67 中 B 所示。

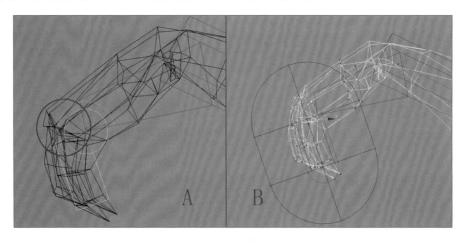

图 4-67　调节脚趾权重

（14）镜像腿部权重。由于模型是对称的，可以将调节好的腿部权重值镜像给对称的另一边。在"编辑封套"模式下单击"镜像模式"按钮，然后单击 🔳（镜像粘贴）按钮，即可将调节好的腿部权重值镜像给对称的另一边。

4.3.5　调节尾巴蒙皮

给每段尾巴的关节分别添加一个简单动画，然后再单独调节权重值。

（1）调节第一段尾巴封套的权重值，如图 4-68 所示。

（2）调节第二段尾巴封套的权重值，如图 4-69 所示。

（3）调节第三段尾巴封套的权重值，如图 4-70 所示。

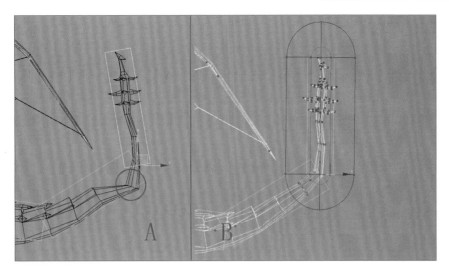

图 4-68　调节第一段封套权重

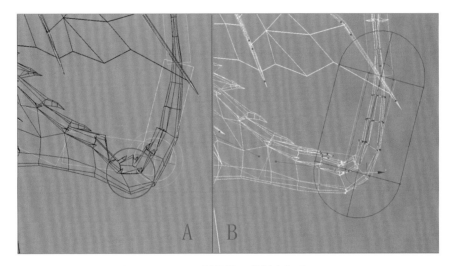

图 4-69　调节第二段封套权重

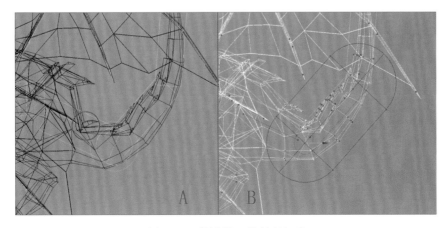

图 4-70　调节第三段封套权重

（4）调节第四段尾巴封套的权重值，如图 4-71 所示。

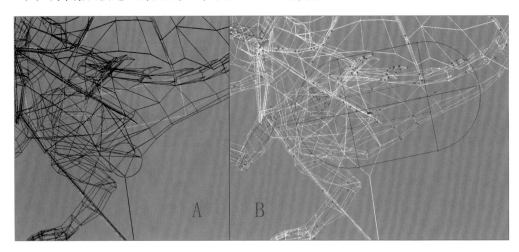

图 4-71　调节第四段封套权重

4.3.6　调节身体蒙皮

身体蒙皮的调整可以参考装备的调整步骤。飞龙整个身体分为一、二、三段脊椎和髋部四部分。

（1）给髋部骨骼添加一个小幅度简单的动画，此时会发现错误权重值的显示效果，如图 4-72 中 A 所示。然后调节权重，调整好权重值的显示效果，如图 4-72 中 B 所示。

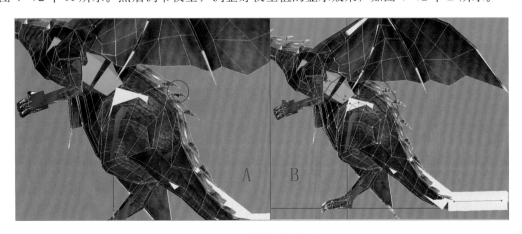

图 4-72　调节髋部权重

（2）给第一段脊椎骨骼添加一个简单的动画，此时会呈现错误权重值的显示效果，如图 4-73 中 A 所示。然后调节权重，调整好权重值的显示效果，如图 4-73 中 B 所示。

（3）给第二段脊椎骨骼添加一个简单的动画，此时会呈现错误权重值的显示效果，如图 4-74 中 A 所示。然后调节权重，调整好权重值的显示效果，如图 4-74 中 B 所示。

（4）给第三段脊椎骨骼添加一个简单的动画，此时会呈现错误权重值的显示效果，如图 4-75 中 A 所示。然后调节权重，调整好权重值的显示效果，如图 4-75 中 B 所示。

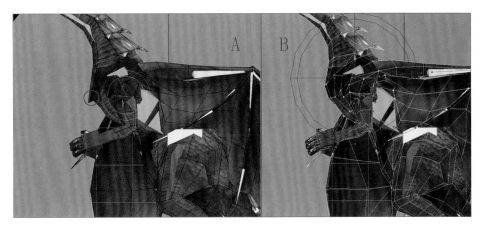

图 4-73　调节第一段脊椎封套权重

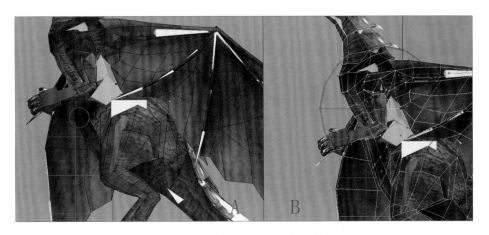

图 4-74　调节第二段脊椎封套权重

图 4-75　调节第三段脊椎封套权重

4.3.7　调节头部蒙皮

（1）给头部添加一个简单的动画，此时会呈现错误的权重值的显示效果，如图 4-76 中 A 所示。然后调节权重，调节好权重值的显示效果，如图 4-76 中 B 所示。

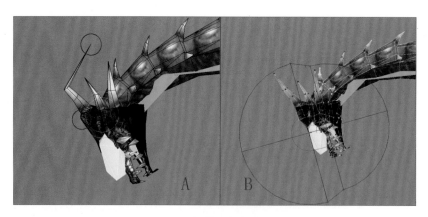

图 4-76　调节头部封套权重

（2）给下颚骨骼添加一个简单的动画，此时会呈现错误权重值的显示效果，如图 4-77 中 A 所示。然后调节权重，调节好权重值的显示效果，如图 4-77 中 B 所示。

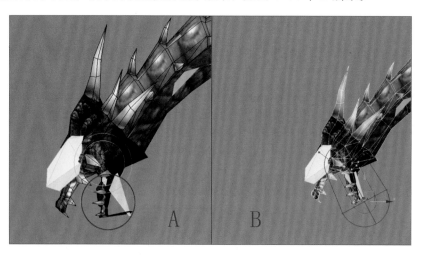

图 4-77　调节下颚封套权重

（3）给颈部第一段骨骼添加一个简单的动画，此时会呈现错误权重值的显示效果，如图 4-78 中 A 所示。然后调节权重，调节好权重值的显示效果，如图 4-78 中 B 所示。

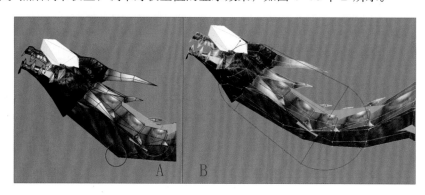

图 4-78　调节第一段颈部封套权重

（4）给颈部第二段骨骼添加一个简单的动画，此时会呈现错误权重值的显示效果，如

图 4-79 中 A 所示。然后调节权重,调节好权重值的显示效果,如图 4-79 中 B 所示。

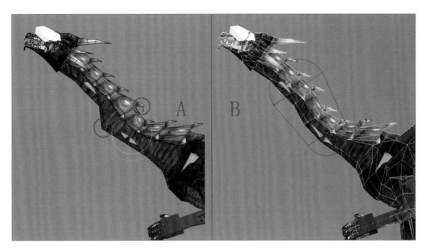

图 4-79 调节第二段颈部封套权重

(5)给颈部第三段骨骼添加一个简单的动画,此时会呈现错误的权重值的显示效果,如图 4-80 中 A 所示。然后调节权重,调节好权重值的显示效果,如图 4-80 中 B 所示。

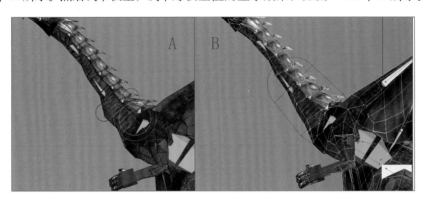

图 4-80 调节第三段颈部封套权重

4.4 飞龙的动作

本节包括飞龙的呼吸动作、飞龙的攻击动作、飞龙的旋转飞行动作三个部分。

4.4.1 飞龙的呼吸动作

本节学习飞龙的几个最基本常用的动作,帮助读者掌握飞龙动画的制作流程。

呼吸动作是常用的一个动作,角色是一种站立状态,本节先从这个简单的动作开始学习,这样便于读者理解。

(1)打开"配套资源 /MAX/ 第 4 章 飞龙的动画 /NPC_ 飞龙站立动作源文件"文件,然后选择除了双脚的飞龙全身的 Biped。确定时间滑块至第 0 帧,打开 ◎(运动)面板,单击"关键点信息"卷展栏下的 ● (设置关键点)按钮,如图4-81所示,从而为模型全身都打上关键帧。最后选择脚,单击 ▲ (踩踏关键点)按钮,如图4-82所示,为脚打上踩踏关键点,从而将其固定在地面上。

(2)设置时间滑块的时间。右击动画控制区中的 ▶ (播放动画)按钮,在弹出的"时间配置"对话框中设置"结束时间"为"60",如图4-83所示,单击"确定"按钮,即把时间滑块长度设为60帧。

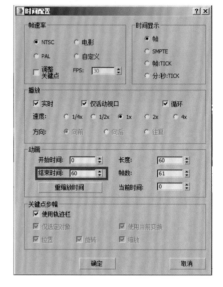

图4-81 设置关键点　　图4-82 设置踩踏关键点　　图4-83 设置时间滑块长度

(3)从选择集中选择Biped,从而选中整个两足骨骼。然后选择第0帧上的关键帧,按住【Shift】键,如图4-84所示,沿红色箭头方向将关键帧拖动到最后一帧,从而将第0帧复制到第60帧,这样动画就会衔接起来。

图4-84 复制关键帧衔接动画

（4）单击"自动关键点"按钮，将时间滑块拨动到第 30 帧，把中心点"Bip01"向下调低一点，脊椎伸直，手张开一点，脖子向上抬起。即完成了飞龙在第 0 帧、第 30 帧、第 60 帧 3 个姿态。这 3 帧的显示效果，如图 4-85 所示。

第0帧　　　　　　　第30帧　　　　　　　第60帧

图 4-85　记录关键帧

⊕ 提 示

　　注意这几帧的姿态变化都是很小的，不要调得幅度过大，这样容易造成运动过快。

（5）单击 ▶（播放动画）按钮播放动画，这时可以看到飞龙身体的起伏，如果发现动作过于生硬一般都是幅度过大造成的，做适当的修改，即可完成飞龙的呼吸动作。有兴趣的读者还可以再深入添加更多动作细节，比如手指的动画。完成后将文件保存为"配套资源/MAX/第 4 章 飞龙的动画/NPC_飞龙站立动作结果 .max"。

4.4.2　飞龙的攻击动作

　　攻击动画是游戏中最常用到的动画，基本上每个角色都会用到攻击动作，本节学习攻击动画的制作方法。

　　（1）打开"配套资源/MAX/第 4 章 飞龙的动画/"目录下的"NPC_飞龙攻击动作源文件 .max"。

　　（2）右击动画控制区中的 ▶（播放动画）按钮，在弹出的"时间配置"对话框中把动画时间设为 60 帧长度，如图 4-86 所示，单击"确定"按钮。

　　（3）单击"自动关键点"按钮，然后给双脚记录踩踏关键点，并记录第 0 帧的姿态，如图 4-87 所示。

　　（4）把时间滑块拨动到第 20 帧，将龙的嘴巴张开，重心稍稍向后移动。并调节脖子和尾巴，使脖子抬起，尾巴伸直，如图 4-88 所示。

　　（5）把时间滑块拨动到第 25 帧，将飞龙的身体向前倾，重心稍稍向前移动，脖子向前伸直，嘴巴紧闭，并调节尾巴使其向上弯曲，如图 4-89 所示。

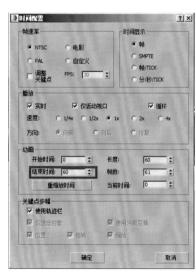

图 4-86　设置动画时间

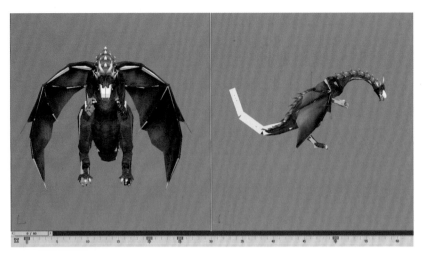

图 4-87　记录飞龙攻击动作的第 0 帧

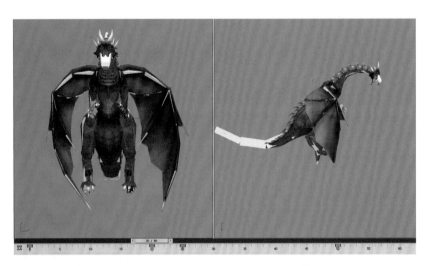

图 4-88　记录飞龙攻击动作的第 20 帧

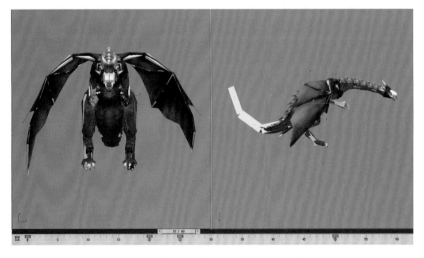

图 4-89　记录飞龙攻击动作的第 25 帧

（6）从选择集中选择全部骨骼，再选择第 0 帧上的关键帧并按住【Shift】键，沿红色箭头方向把关键帧拖动到最后一帧，如图 4-90 所示，从而将第 0 帧复制到第 50 帧。飞龙的动作即无限循环地衔接起来。

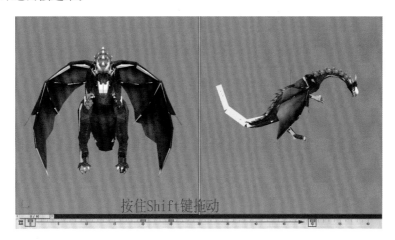

图 4-90　复制关键帧衔接动画

4.4.3　飞龙的旋转飞行动作

飞龙的旋转飞行是一个比较复杂的动画，制作中为了让动作更加流畅和自然，我们也可以尝试在关键帧之间添加一些过渡动作的帧。因为整个动作过程帧数比较多，这里只列举一些有代表性动作的关键帧讲解。

（1）打开"配套资源 /MAX/ 第 4 章 飞龙的动画 /NPC_ 飞龙的旋转飞翔动作源文件 .max"文件，首先观察飞龙的飞行轨迹，如图 4-91 所示。然后将时间滑块调节到第 0 帧，单击"自动关键点"按钮，再选择飞龙的全部骨骼，开始记录关键帧，如图 4-92 所示。

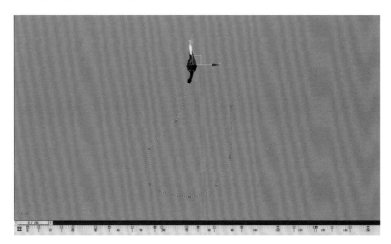

图 4-91　飞龙的飞行轨迹

（2）把时间滑块拨动到第 5 帧，调节角色重心，使其向前移动一段距离并向上调节，同时让飞龙的翅膀向下扇动。尾巴和头部根据飞行的实际情况来进行调节，动作如图 4-93 所示。

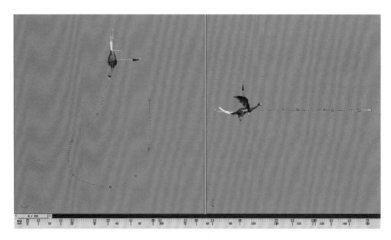

图 4-92　记录飞龙飞行的初始关键帧

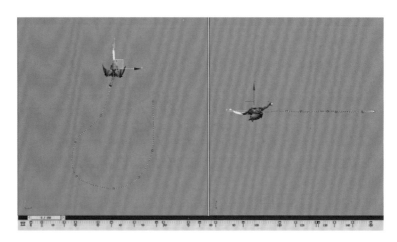

图 4-93　制作飞龙飞行的第 5 帧动作

（3）把时间滑块拨动到第 15 帧，调节角色重心，使其向前移动一段距离并向下调节，同时让飞龙的翅膀向上扇动，尾巴和头部根据飞行的实际情况来进行调节，如图 4-94 所示。

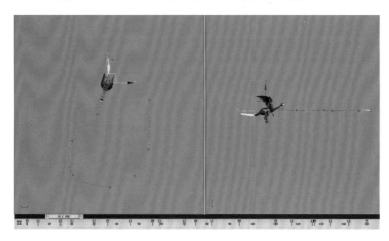

图 4-94　制作飞龙飞行的第 15 帧动作

（4）把时间滑块拨动到第 20 帧，调节角色重心，使其向前移动一段距离并向上调节，同时让飞龙的翅膀向下扇动，尾巴和头部根据飞行的实际情况来进行调节，如图 4-95 所示。

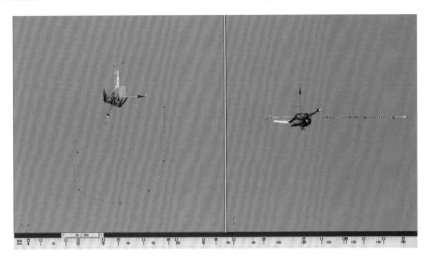

图 4-95　制作飞龙飞行的第 20 帧动作

（5）把时间滑块拨动到第 30 帧，调节角色重心，使其向前移动一段距离并向下调节，同时让飞龙的翅膀向上扇动，尾巴和头部根据飞行的实际情况来进行调节，如图 4-96 所示。

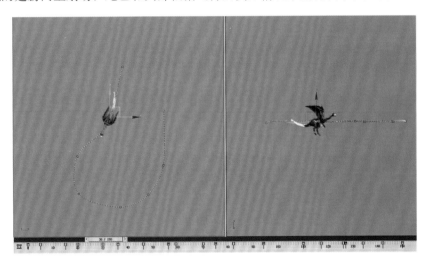

图 4-96　制作飞龙飞行的第 30 帧动作

（6）把时间滑块拨动到第 36 帧，调节角色重心，使其向前移动一段距离并向上调节，同时让飞龙的翅膀向下扇动，尾巴和头部根据飞行的实际情况来进行调节，如图 4-97 所示。

（7）在第 46、70、110、126、142 帧按照飞行的轨迹来调节飞龙模型的重心和翅膀。在这些帧中飞龙模型的重心都是向下的，只是按照飞行的轨迹产生了位移变化，同时翅膀是向上张开的。尾巴和头部可根据飞行的实际情况来进行调节。

（8）在第 56、82、117、134、150 帧按照飞行的轨迹来调节飞龙模型的重心和翅膀。在这些帧中飞龙模型的重心都是向上的，只是按照飞行的轨迹产生了位移，同时翅膀是向下扇动的。尾巴和头部可根据飞行的实际情况来进行调节。

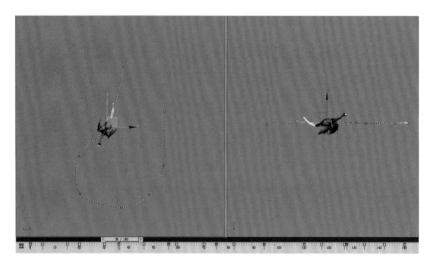

图 4-97　制作飞龙飞行的第 36 帧动作

课 后 练 习

一、填空题

1. 镜像复制 Bones 骨骼时，一定要关闭_____，否则会出现错误。
2. 在创建游戏角色时，我们一般使用的蒙皮修改器是_____。
3. 调整骨骼参数时，要进入_____模式进行修改。

二、问答题

如何复制并匹配飞龙翅膀的骨骼？

三、制作题

利用本章实例模型，制作一段飞龙原地飞行的动画。

第 **5** 章

多足角色——蜘蛛的动画制作

本章将讲解多足角色——蜘蛛的休闲、攻击、奔跑和死亡动画的制作方法，动画效果如图 5-1 所示。通过本章的学习，读者应掌握创建 Bone 骨骼、Skin 蒙皮以及多足动画的基本制作方法。

休闲动作

攻击动作

奔跑动作

死亡动作

图 5-1　蜘蛛角色常用动作动画效果

5.1　蜘蛛的骨骼创建

在创建蜘蛛骨骼时，我们使用传统的 Bone 骨骼。由于 Bone 只是单纯的骨骼对象，所以在创建骨骼之后还要在骨骼之间连接 IK 解算器。蜘蛛骨骼设计分为蜘蛛腿部骨骼的创建、蜘

蛛的身体骨骼创建和骨骼链接三个部分内容。

5.1.1 蜘蛛腿部骨骼的创建

（1）冻结蜘蛛模型。在创建蜘蛛的基础骨骼之前，要把蜘蛛的全部模型选中并且冻结，以便在后面创建蜘蛛骨骼的过程中，蜘蛛的模型不会因为被误选而出现移动、变形等问题。启动 3ds Max 2016，打开"配套资源／MAX／第 5 章　制作多足角色——蜘蛛的动画／zhizhu.max"文件，然后选择蜘蛛模型并右击，从弹出的快捷菜单中选择"冻结当前选择"命令，即可冻结蜘蛛模型。接着进入 （显示）面板，取消选中"显示属性"卷展栏下"以灰色显示冻结对象"选项，如图 5-2 所示，从而使蜘蛛的模型显示出真实颜色。

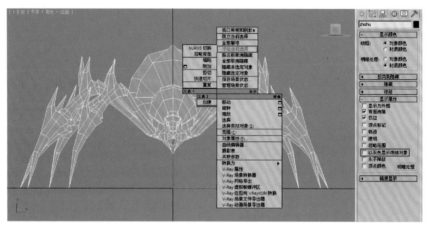

图 5-2　冻结模型

（2）单击 （创建）面板下 （系统）中的"骨骼"按钮，再设置好尺寸参数，如图 5-3 中 A 所示，然后在前视图中参照蜘蛛的第一条右腿的肢体结构，单击三次创建出三节骨骼，再右击结束创建，如图 5-3 中 B 所示。接着使用 （选择并移动）、（选择并旋转）和 （选择并均匀缩放）工具调整骨骼对象的位置、角度和长度，使骨骼的位置和蜘蛛腿部模型能够基本匹配，如图 5-4 中 A 和 B 所示。

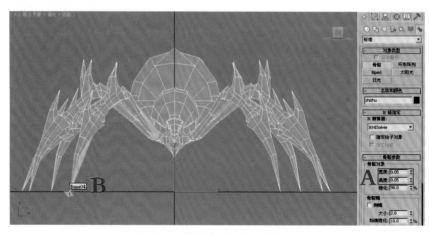

图 5-3　创建蜘蛛右腿的骨骼

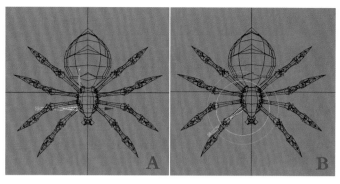

图 5-4　匹配骨骼和腿部模型

（3）准确匹配骨骼和模型。执行菜单中的"动画|骨骼工具"命令，打开"骨骼工具"面板，再单击面板中的"骨骼编辑模式"按钮，如图 5-5 中 A 所示，然后使用工具栏中的 ✛（选择并移动）工具继续调整蜘蛛腿部骨骼的位置，如图 5-5 中 B 所示。接着关闭"骨骼编辑模式"按钮，再使用 ✛（选择并移动）和 ↻（选择并旋转）工具继续调整骨骼的位置和角度，从而完成第一条右腿的骨骼创建，如图 5-6 所示。

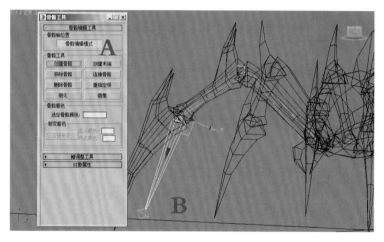

图 5-5　在"骨骼编辑"模式下调整右腿骨骼位置

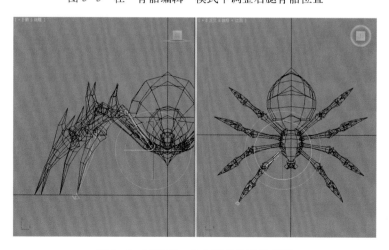

图 5-6　匹配第一条右腿的骨骼和模型

⊕ 提示

　　在"骨骼编辑模式"中调整骨骼的位置时，不会影响到下一级骨骼，因此可以更加准确地匹配骨骼和模型的位置。

　　（4）使用鼠标双击腿部骨骼的根骨骼，从而选中整根骨骼，如图 5-7 中 A 所示，然后单击"骨骼工具"面板中的"镜像"按钮，并在弹出的对话框中设置好参数，如图 5-7 中 B 所示，从而复制出一根腿部骨骼。接着使用 ✛（选择并移动）和 ↻（选择并旋转）工具调整复制骨骼的位置、角度，再激活"骨骼编辑模式"按钮，使用 ✛（选择并移动）工具微调每节骨骼的位置，从而完成第二条右腿的骨骼创建，如图 5-8 所示。

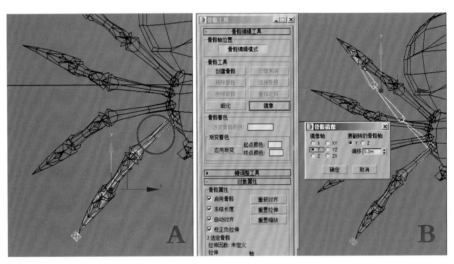

图 5-7　复制腿部的骨骼

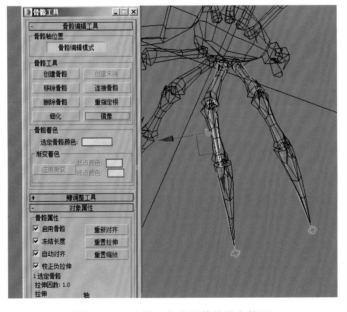

图 5-8　匹配第二条右腿的骨骼和模型

（5）同理，创建出第三、四条右腿的骨骼，如图 5-9 所示。然后选择四条右腿的骨骼，再单击"骨骼工具"面板中的"镜像"按钮，并在弹出的对话框中设置好参数，如图 5-10 中 A 所示，从而得到四条左腿的骨骼。接着使用工具栏中的 （选择并移动）工具调整好复制骨骼的位置，使其与左腿的模型匹配，如图 5-10 中 B 所示。

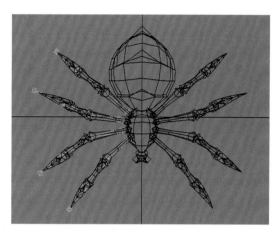

图 5-9　完成右侧腿部骨骼的创建

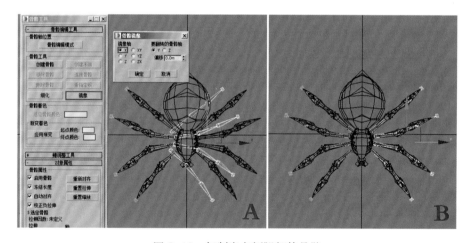

图 5-10　复制出左侧腿部的骨骼

5.1.2　蜘蛛的身体骨骼创建

（1）单击 （创建）面板下的 （系统）中的"骨骼"按钮，再设置好尺寸参数，如图 5-11 中 A 所示。然后在顶视图创建出腹部的两节骨骼，再右击结束创建，如图 5-11 中 B 所示。接着使用 （选择并移动）和 （选择并旋转）工具调整骨骼对象的位置和角度，最后激活"骨骼编辑模式"按钮，使用 （选择并移动）工具微调骨骼的位置，与模型准确地匹配，如图 5-12 所示。

（2）同理，创建出胸部和头部的骨骼，如图 5-13 中 A 所示，再创建出颚部的骨骼，如图 5-13 中 B 所示。

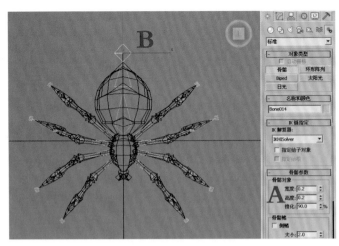

图 5-11　在顶视图创建腹部的骨骼

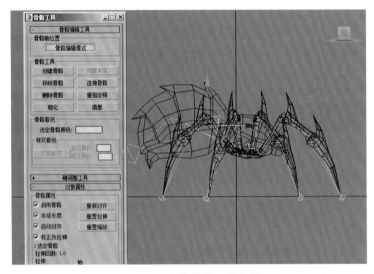

图 5-12　匹配腹部的骨骼和模型

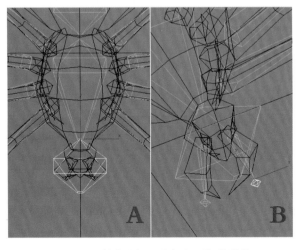

图 5-13　创建胸部、头部和颚部的骨骼

5.1.3 骨骼的链接

完成骨骼与模型的匹配后,下面要把骨骼进行链接,形成父子关系。同时还要为腿部骨骼创建 IK 解调器,以便在调节蜘蛛复杂的腿部动作时,可以更好地模拟出腿部骨骼的真实运动效果。

(1) 创建模型整体的控制器。单击 ※(创建)面板下的 ◎(辅助对象)中的"虚拟对象"按钮,然后在左视图创建一个虚拟对象,如图 5-14 中 A 所示,接着使用 ✛(选择并移动)和 ◻(选择并均匀缩放)工具调整虚拟对象的位置和大小,如图 5-14 中 B 所示。

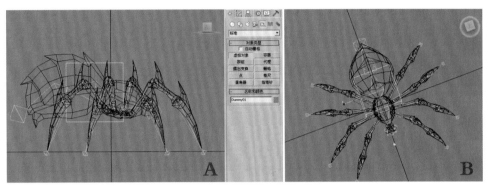

图 5-14　创建虚拟对象

(2) 链接身体骨骼到控制器。单击工具栏中的 ◎(选择并链接)按钮,然后按住【Ctrl】键的同时,依次单击选择腹部和胸部的根骨骼,如图 5-15 中 A 所示,再拖动至虚拟对象上完成链接,如图 5-15 中 B 所示。接着选择所有腿部的根骨骼,再分别拖动至虚拟对象和胸部骨骼上完成两次链接,如图 5-16 中 A 和 B 所示。最后选择颚部的骨骼,再拖动至头部骨骼上完成链接,如图 5-16 中 C 所示。

(3) 创建腿部的 IK 解调器。选择第一条右腿的中段骨骼,如图 5-17 中 A 所示,再执行菜单中的"动画"|"IK 解调器"|"HI 解调器"命令,然后单击腿部的末端骨骼,即可完成 IK 解调器的创建,效果如图 5-17 中 B 所示。同理,完成其余腿部的 IK 解调器的创建,如图 5-18 所示。

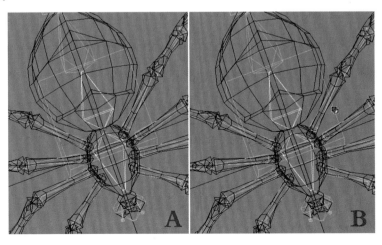

图 5-15　链接身体骨骼至虚拟对象

193

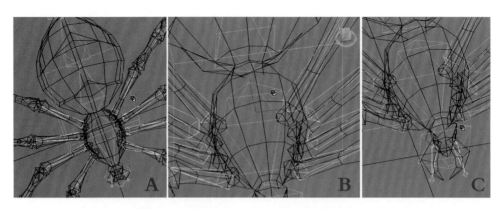

图 5-16　完成腿部、胸部、颚部骨骼的链接

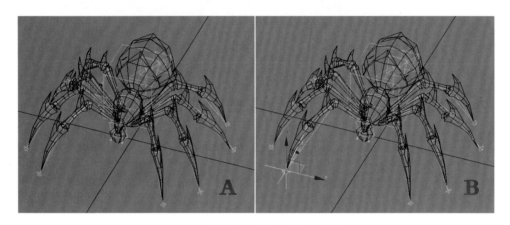

图 5-17　创建第一条右腿的 IK 解算器

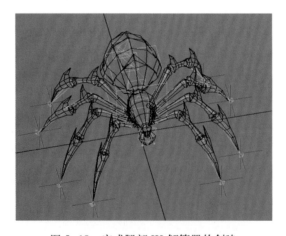

图 5-18　完成腿部 IK 解算器的创建

⊕ 提示

　　蜘蛛骨骼创建具体方法详见"配套资源 / 多媒体视频文件 / 第 5 章　制作多足角色——蜘蛛的动画 / 骨骼创建 .avi"视频文件。

5.2 蜘蛛的蒙皮设定

Skin蒙皮的优点是可以自由选择骨骼来进行蒙皮，而且调节权重快速方便。本节内容分为给蜘蛛模型添加"蒙皮"修改器、调节封套权重两个部分。

5.2.1 添加蒙皮修改器

（1）打开设定好骨骼的蜘蛛模型文件，再选中 🔲（显示）面板中"按类别隐藏"卷展栏下的"辅助对象"选项，如隐藏虚拟对象和IK解调器，如图5-19中A所示。然后执行右键菜单中的"全部解冻"命令，解除模型的冻结，如图5-19中B所示。接着选择蜘蛛整体的模型，并在 📐（修改）面板的修改器列表中选择"蒙皮"修改器，如图5-20所示。

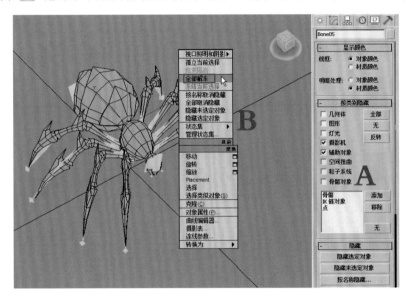

图5-19　隐藏辅助对象并解冻模型

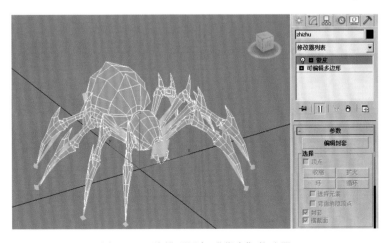

图5-20　为模型添加"蒙皮"修改器

（2）选择蜘蛛腿部、腹部和颚部末端的骨骼，如图5-21中A所示，再执行右键菜单中的"隐藏选定对象"命令，效果如图5-21中B所示。然后选择蜘蛛模型，再单击"参数"卷展栏下的"添加"按钮，接着在弹出的"选择骨骼"对话框的列表中选择全部骨骼，如图5-22所示，再单击"选择"按钮，从而为蒙皮添加骨骼。

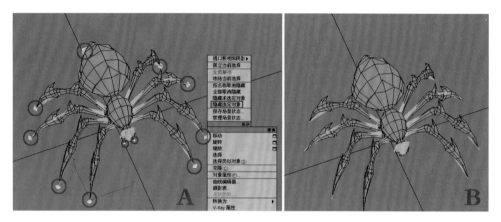

图5-21　隐藏选定的骨骼

图5-22　"选择骨骼"对话框参数设置

5.2.2　调节封套

为"蒙皮"添加了骨骼之后，骨骼对模型顶点的影响范围往往是不合理的，如果直接调节动作，模型会产生变形和拉伸。因此要使用"编辑封套"功能把骨骼对模型顶点的影响控制在合理范围内。

（1）在骨骼列表中任选一根骨骼，再单击"编辑封套"按钮，然后选中"顶点"和"选择元素"选项，如图5-23中A所示，此时可以看到视图中出现了封套和顶点，如图5-23中B所示。接着选中"显示"卷展栏下的"不显示封套"选项，可以看到视图中骨骼的封套范围框消失，如图5-24所示。

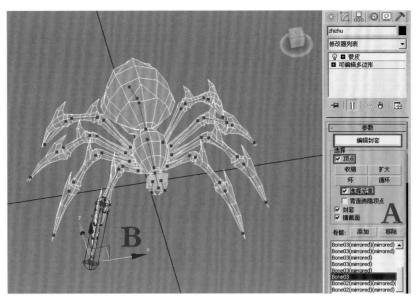

图 5-23 "编辑封套"模式参数设置

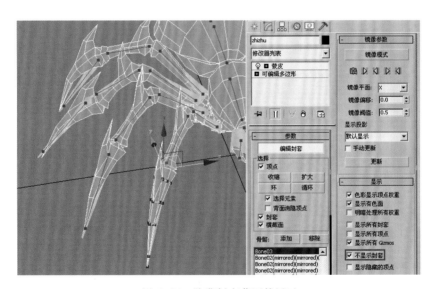

图 5-24 隐藏封套范围的显示

➕ 提 示

　　结构简单而清晰的模型，编辑封套时可以取消封套范围的显示，从而使视图中的显示更加清晰。而选中"选择元素"选项的作用是可以通过选择所选封套的局部顶点即可实现选择所选封套全部顶点的目的。

　　（2）选择第一条右腿的末端骨骼封套，如图 5-25 中 A 所示，再单击"参数"卷展栏下的 ◢（权重工具）按钮，打开"权重工具"面板，如图 5-25 中 B 所示，然后选择末端骨骼所在模型的顶点，如图 5-26 中 A 所示，再单击"权重工具"面板中的权重值按钮，设置末端骨骼对所在模型顶点影响的权重值为 1，如图 5-26 中 B 所示。

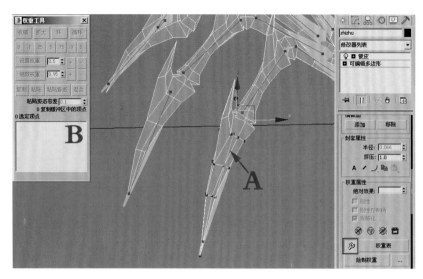

图 5-25 "权重工具"面板参数设置

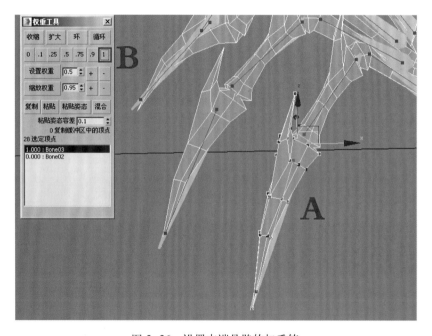

图 5-26 设置末端骨骼的权重值

(3) 选择第一条右腿的中段骨骼封套，再选择相应位置的顶点，并设置其权重值为 1，如图 5-27 中 A 所示。然后选择第一条右腿的根段骨骼封套，再选择相应位置的顶点，并设置其权重值为 1，如图 5-27 中 B 所示。同理，依次设置好其余右侧腿部骨骼的权重值，如图 5-28 所示。

➕ 提 示

蜘蛛四肢蒙皮权重的设定方法详见"配套资源 / 多媒体视频文件 / 第 5 章　制作多足角色——蜘蛛的动画 / 蒙皮 .avi"视频文件。

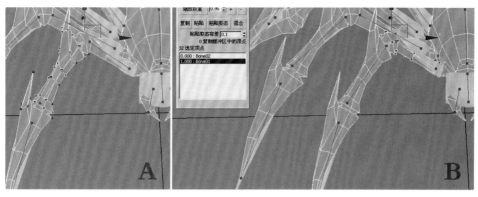

图 5-27　设置好第一条右腿骨骼的权重值

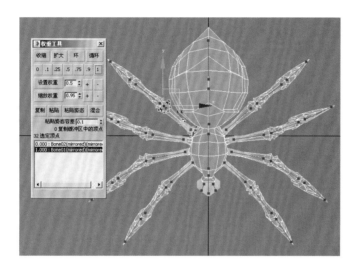

图 5-28　设置好右侧腿部骨骼的权重值

（4）同理，设置好颚部骨骼的权重值，如图 5-29 所示。然后进入可编辑多边形的 ▇（元素）层级，再选择腿部和颚部，如图 5-30 中 A 所示，接着单击 ▨（修改）面板中"编辑几何体"卷展栏下的"隐藏选定对象"按钮，如图 5-30 中 B 所示，隐藏腿部和颚部的模型。

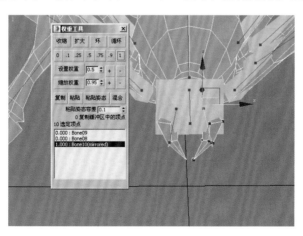

图 5-29　设置颚部骨骼的权重值

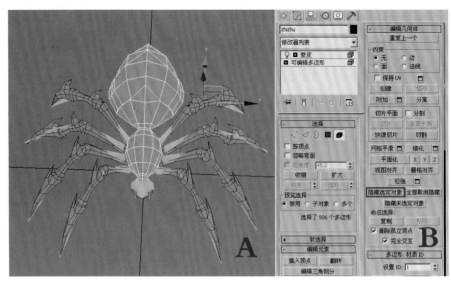

图 5-30　隐藏选定的模型元素

（5）取消选中"选择元素"选项，如图 5-31 中 A 所示，然后选择胸部骨骼的封套，再选择相应位置的顶点，并设置其权重值为 1，如图 5-31 中 B 所示。接着选择头部骨骼的封套，再选择相应位置的顶点，并设置其权重值为 1，如图 5-32 中 A 所示，最后选择胸部骨骼封套，再选择相应位置的顶点，并设置其权重值为 0.5，如图 5-32 中 B 所示。

⊕ 提 示

　　在调节封套时，顶点的颜色变化代表了封套对顶点影响的权重值大小。其中暖色调代表影响权重大，冷色调代表影响权重小。当权重值为 1 时，顶点的颜色为红色，表示影响的权重值最大。

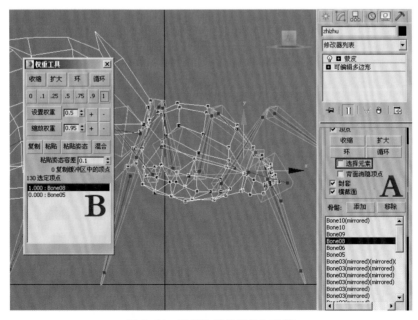

图 5-31　设置胸部骨骼的权重值

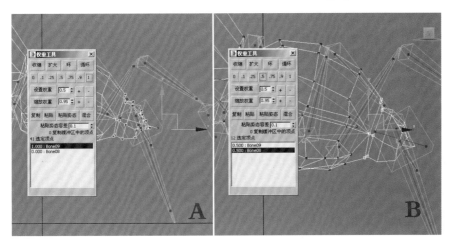

图 5-32　设置头部和头、胸连接处的顶点权重值

（6）设置腹部骨骼的权重值。选择腹部前段骨骼的封套，再选择胸、腹连接处的顶点，然后设置其权重值为 0.5，如图 5-33 中 A 所示。接着选择腹部前段骨骼封套，再选择所在模型部分的顶点，设置其权重值为 1，如图 5-33 中 B 所示。最后选择腹部后段骨骼封套，再选择所在模型的顶点，设置其权重值为 1，如图 5-34 所示。

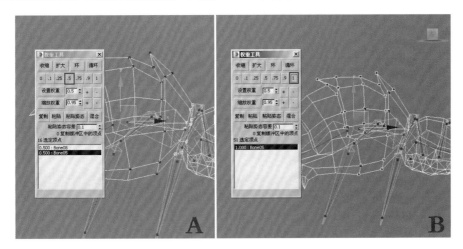

图 5-33　设置腹部前段骨骼的权重值

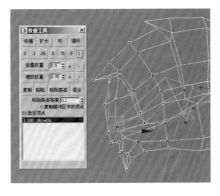

图 5-34　设置腹部后段骨骼的权重值

第 5 章　多足角色——蜘蛛的动画制作

（7）设置腹部后段骨骼封套的混合权重值。选择腹部后段骨骼的封套，再选择两段骨骼封套连接处的顶点，设置其权重值为 0.5，如图 5-35 中 A 所示，然后选择远处的一圈顶点，再设置其权重值为 0.25，如图 5-35 中 B 所示，接着选择更远处的一圈顶点，再设置其权重值为 0.1，如图 5-35 中 C 所示。

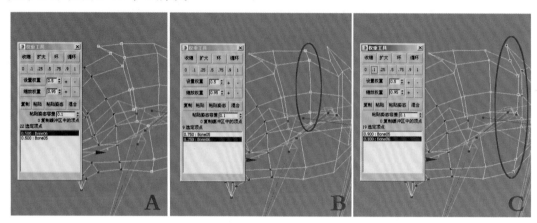

图 5-35　设置腹部后段骨骼的混合权重值

（8）设置腹部前段骨骼封套的混合权重值。选择腹部前段骨骼的封套，再选择腹部后段的一圈顶点，然后单击"0.25"权重按钮，再单击"设置权重"后面 + 按钮两次，从而将其权重值设置为 0.35，如图 5-36 中 A 所示。接着选择腹部后段的更远处的一圈顶点，再单击"0.1"权重按钮，最后单击"设置权重"后面 + 按钮两次，从而将其权重值设置为 0.2，如图 5-36中 B 所示。

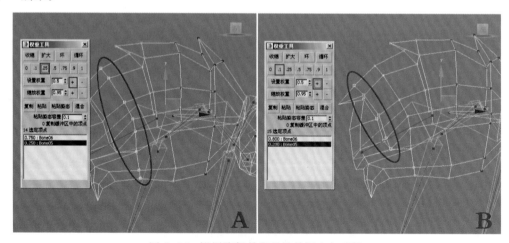

图 5-36　设置腹部前段骨骼的混合权重值

> **提　示**
>
> 单击"设置权重"后面 + 按钮一次，可以增加选择顶点权重值 0.05，单击 + 按钮两次，可以增加选择顶点权重值 0.1。

（9）镜像权重。关闭"编辑封套"按钮，再进入可编辑多边形的 ▣（元素）层级，然后选择身体元素，再单击 ▨（修改）面板中"编辑几何体"卷展栏下的"全部取消隐藏"按钮，

如图 5-37 中 A 所示，从而显示出之前隐藏的腿部和颚部模型，如图 5-37 中 B 所示。接着激活"编辑封套"按钮，再单击 （修改）面板中"镜像参数"卷展栏下的"镜像模式"按钮，并设置好参数，如图 5-38 中 A 所示，最后单击 （将绿色粘贴到蓝色顶点）按钮，将蜘蛛右侧绿色的顶点权重值复制到左侧蓝色的顶点，如图 5-38 中 B 所示。

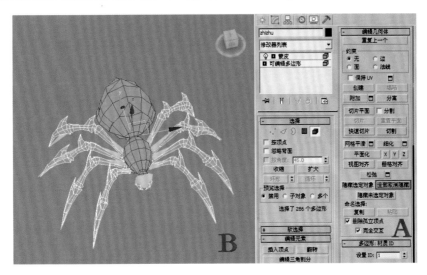

图 5-37　显示之前隐藏的腿部和颚部模型

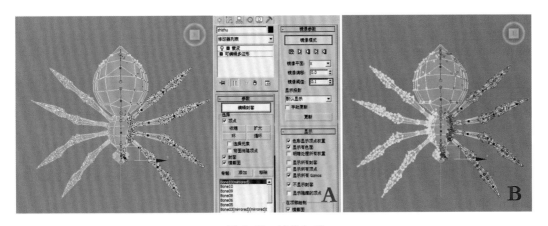

图 5-38　镜像权重

（10）调整骨骼显示模式。进入 （显示）面板，选中"按类型隐藏"卷展栏下"几何体"和"辅助对象"两个选项，效果如图 5-39 所示，然后选择全部骨骼并右击，从弹出的快捷菜单中选择 "对象属性"命令，如图 5-40 中 A 所示。接着在弹出的"对象属性"对话框中选中"显示为外框"选项，如图 5-40 中 B 所示。最后进入 （显示）面板，取消选中"按类型隐藏"卷展栏下"几何体"和"辅助对象"两个选项，效果如图 5-41 所示。

⬤ 提　示

　　蜘蛛蒙皮设定的具体方法详见"配套资源 / 多媒体视频文件 / 第 5 章　制作多足角色——蜘蛛的动画 / 蒙皮 .avi"视频文件。

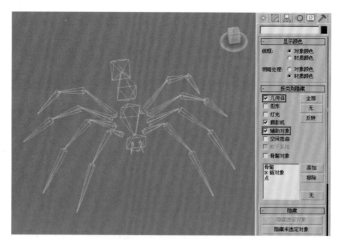

图 5-39　隐藏模型和虚拟对象

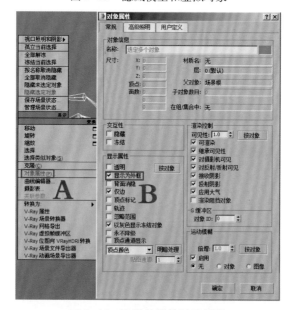

图 5-40　设置骨骼的显示属性

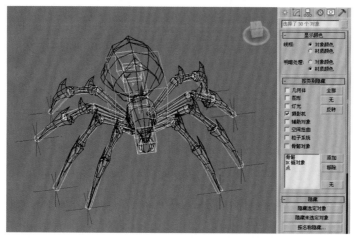

图 5-41　取消模型和虚拟对象的显示

5.3 蜘蛛的动作

多足角色的动画制作思路和二足角色有一定差别，通过本节的学习，读者应掌握多足角色的动画制作流程。本节学习内容包括蜘蛛的休闲动作、蜘蛛的攻击动作、蜘蛛的奔跑动作和蜘蛛的死亡动作四个部分。

5.3.1 蜘蛛的休闲动作

休闲动作是游戏中 NPC 角色处于自由活动时的行为。为了表现出不同种类 NPC 的行为特征，休闲动作需要设计出个性和特色。本节将制作一种游戏中比较典型的蜘蛛休闲动作，动作序列图如图 5-42 所示。

图 5-42　蜘蛛休闲动作序列图

（1）打开"配套资源 /MAX/ 第 5 章　制作多足角色——蜘蛛的动画 /zhizhu_ 蒙皮 .max"文件，然后单击动画控制区中的 (时间配置) 按钮，接着在弹出的"时间配置"对话框中设置"结束时间"为"67"，如图 5-43 所示，单击"确定"按钮，从而将时间滑块长度设为 67 帧。

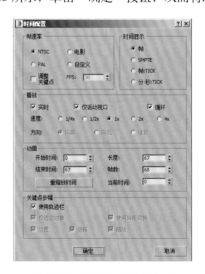

图 5-43　设置时间滑块长度

（2）打开"自动关键点"按钮，然后把时间滑块拨动到第 0 帧，框选蜘蛛全部的骨骼对象和辅助对象，如图 5-44 中 A 所示，再右击时间滑块，打开"创建关键点"对话框，如图 5-44 中 B 所示，接着单击"确定"按钮，从而在第 0 帧创建出蜘蛛初始动作的关键帧，

205

如图 5-44 中 C 所示。

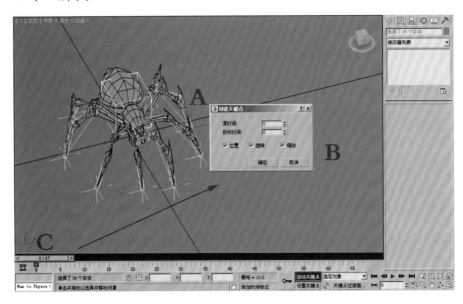

图 5-44　创建初始关键帧

　　(3) 按住【Shift】键的同时，把时间滑块从第 0 帧拖至第 67 帧，然后松开鼠标，接着在弹出的"创建关键点"对话框中单击"确定"按钮，从而将第 0 帧动作复制到第 67 帧，如图 5-45 所示。

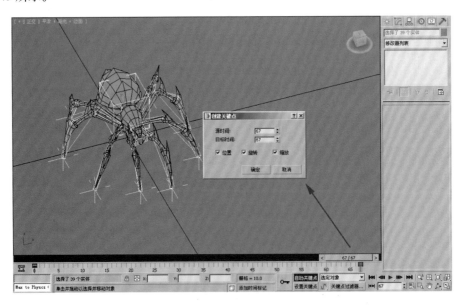

图 5-45　复制关键帧衔接动画

　　● 提 示

　　将第 0 帧动作复制到第 67 帧的目的是保证动画能够流畅地衔接起来。

（4）把时间滑块拨动到第 33 帧，再使用 ✛（选择并移动）和 ⟳（选择并旋转）工具分别调整蜘蛛腿部、头部、身体的骨骼对象和辅助对象，从而制作出蜘蛛腿部跨动、头部摆动、身体摇摆并整体向左平移的姿势，效果如图 5-46 所示。

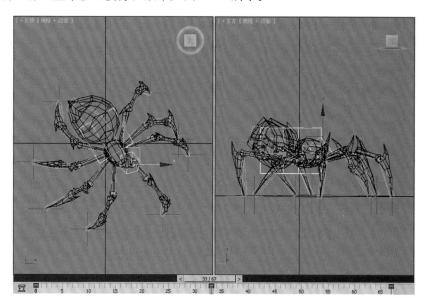

图 5-46　蜘蛛第 33 帧的姿势

（5）把时间滑块拨动到第 14 帧，再使用 ✛（选择并移动）和 ⟳（选择并旋转）工具分别调整蜘蛛腿部、头部、身体的骨骼对象和辅助对象，从而制作出蜘蛛身体向左平移的初始姿势，效果如图 5-47 所示。然后把时间滑块拨动到第 24 帧，再使用 ✛（选择并移动）和 ⟳（选择并旋转）工具分别调整腿部、头部、身体的骨骼对象和辅助对象，从而制作出蜘蛛身体向左平移的过渡姿势，效果如图 5-48 所示。

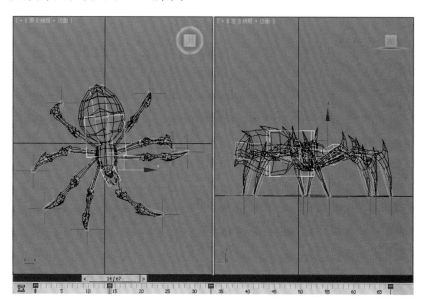

图 5-47　蜘蛛第 14 帧的初始姿势

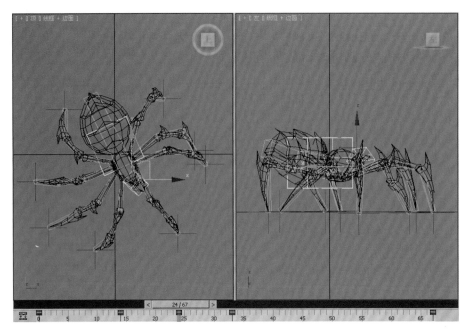

图 5-48　蜘蛛第 24 帧的过渡姿势

（6）把时间滑块拨动到第 43 帧，再使用 和 工具分别调整蜘蛛腿部、头部、身体的骨骼对象和辅助对象，从而制作出蜘蛛向右平移的过渡姿势，如图 5-49 所示。

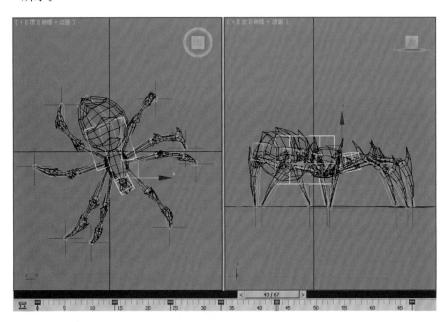

图 5-49　蜘蛛第 43 帧的过渡姿势

（7）把时间滑块拨动到第 53 帧，再使用 和 工具分别调整蜘蛛腿部、头部、身体的骨骼对象和辅助对象，从而制作出蜘蛛恢复正常的身体姿势，如图 5-50 所示。

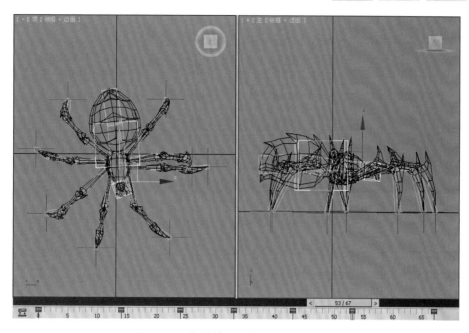

图 5-50　蜘蛛第 53 帧的正常身体姿势

（8）把时间滑块拨动到第 58 帧，再使用 ✛ （选择并移动）和 ↻ （选择并旋转）工具分别调整蜘蛛腿部的骨骼对象和辅助对象，从而制作出蜘蛛摆腿的姿势，如图 5-51 所示。

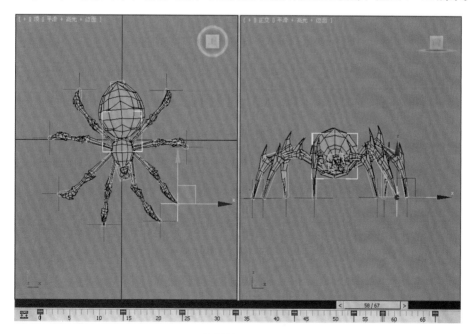

图 5-51　蜘蛛第 58 帧的摆腿姿势

（9）框选蜘蛛全部的骨骼对象和辅助对象，再选择第 67 帧，然后在按住【Shift】键的同时，将其拖至第 63 帧，接着松开鼠标，在弹出的"创建关键点"对话框中单击"确定"按钮，如图 5-52 所示，从而将第 67 帧动作复制到第 63 帧。

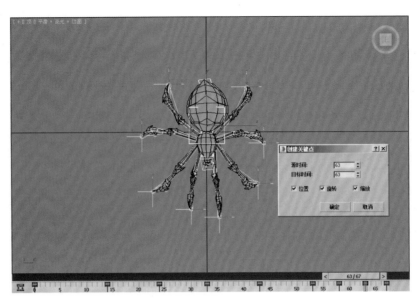

图 5-52　复制蜘蛛第 63 帧的姿势

（10）把时间滑块拨动到第 4 帧，再选择蜘蛛第三条右腿和第一、二条左腿的 IK 解调器，然后使用 （选择并移动）工具制作出蜘蛛抬腿的姿势，如图 5-53 所示。

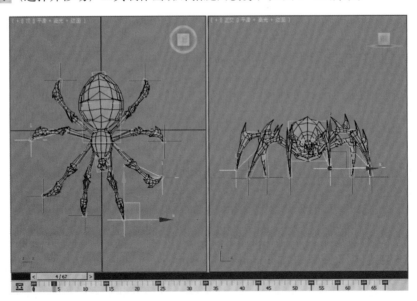

图 5-53　蜘蛛第 4 帧的抬腿姿势

（11）选择蜘蛛第三条左腿的 IK 解调器，再把时间滑块拨动到第 19 帧，然后使用 （选择并移动）工具向上调整腿部的位置，从而制作出蜘蛛抬腿的姿势，如图 5-54 所示。接着把时间滑块拨动到第 48 帧，再使用 （选择并移动）工具制作出蜘蛛抬腿的姿势，如图 5-55 所示。

（12）单击 ▶（播放动画）按钮播放动画，此时可以看到蜘蛛身体的起伏和摇摆，同时配合有抬腿的细节动画。在播放动画的时候如发现幅度过大等不正确的地方，可以适当调整。最后将文件保存为"配套资源／MAX／第 5 章　制作多足角色——蜘蛛的动画／zhizhu_休闲.max"。

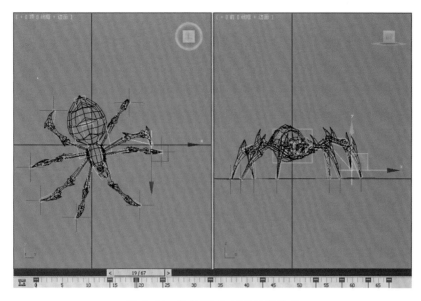

图 5-54　蜘蛛第 19 帧的抬腿姿势

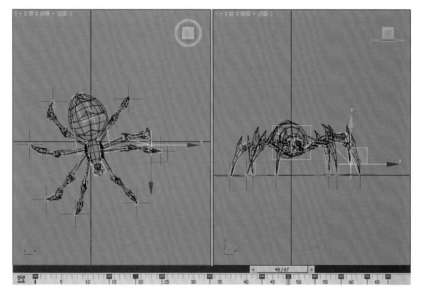

图 5-55　蜘蛛第 48 帧的抬腿姿势

提 示

蜘蛛休闲动作的具体方法请详见"配套资源 / 多媒体视频文件 / 第 5 章　制作多足角色——蜘蛛的动画 / 休闲 .avi"视频文件。

5.3.2　蜘蛛的攻击动作

攻击是游戏中最常见的战斗动作之一，本节学习蜘蛛攻击动作的制作方法。蜘蛛攻击动作的主要序列图如图 5-56 所示。

图 5-56　蜘蛛攻击动作序列图

（1）打开"配套资源／MAX／第 5 章　制作多足角色——蜘蛛的动画／zhizhu_蒙皮.max"文件，然后单击动画控制区中的 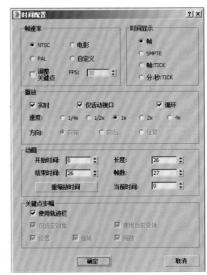（时间配置）按钮，再在弹出的"时间配置"对话框中设置"结束时间"为"26"，单击"确定"按钮，从而将时间滑块长度设为 26 帧，如图 5-57 所示。

（2）打开"自动关键点"按钮，再拖动时间滑块到第 0 帧，然后使用 ⊹（选择并移动）和 ↻（选择并旋转）工具分别调整蜘蛛腿部、头部、身体的骨骼对象、辅助对象的位置和角度，再右击时间滑块创建蜘蛛攻击初始动作的关键帧，如图 5-58 所示。

（3）把时间滑块拨动到第 2 帧，使用 ⊹（选择并移动）和 ↻（选择并旋转）工具向上调整骨骼对象和虚拟对象的位置，使蜘蛛身体稍稍上移，前腿稍稍上扬，从而制作出蜘蛛攻击前的蓄势姿势，如图 5-59 所示。然后把

图 5-57　设置时间滑块长度

时间滑块拨动到第 3 帧，使用 ⊹（选择并移动）和 ↻（选择并旋转）工具调整骨骼对象和虚拟对象的位置和角度，从而制作出蜘蛛身体跃起的姿势，如图 5-60 所示。

图 5-58　蜘蛛攻击的初始动作

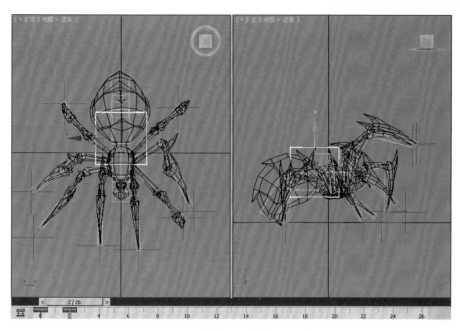

图 5-59　蜘蛛攻击前的蓄势姿势

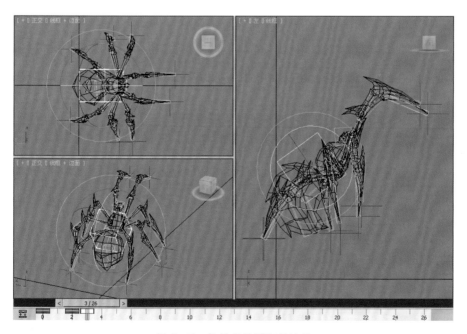

图 5-60　蜘蛛身体跃起的姿势

（4）把时间滑块拨动到第 4 帧，使用 _✛（选择并移动）和 ↻（选择并旋转）工具向前、向上调整骨骼对象和虚拟对象的位置和角度，制作出蜘蛛身体在攻击时的身体凌空姿势，如图 5-61 所示。然后把时间滑块拨动到第 5 帧，使用 ✛（选择并移动）和 ↻（选择并旋转）工具向前、向下调整骨骼对象和虚拟对象的位置和角度，制作出蜘蛛落地时的攻击姿势，如图 5-62 所示。

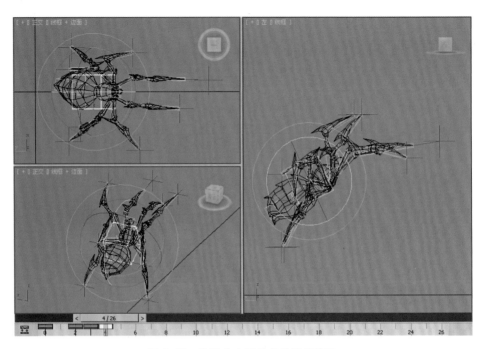

图 5-61　蜘蛛攻击时的身体凌空姿势

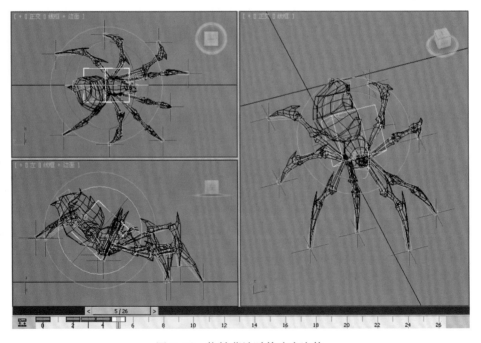

图 5-62　蜘蛛落地时的攻击姿势

（5）把时间滑块拨动到第 8 帧，使用 ✥（选择并移动）和 ↻（选择并旋转）工具调整骨骼对象和虚拟对象的位置和角度，制作出蜘蛛身体落地后的卸力姿势，如图 5-63 所示。然后把时间滑块拨动到第 11 帧，再使用 ✥（选择并移动）和 ↻（选择并旋转）工具调整骨骼对象和虚拟对象的位置和角度，制作出蜘蛛身体在攻击完成时的后撤和肢体跟随、抬起的姿势，如图 5-64 所示。

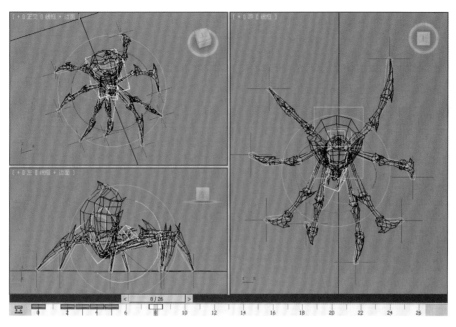

图 5-63　蜘蛛身体落地后的卸力姿势

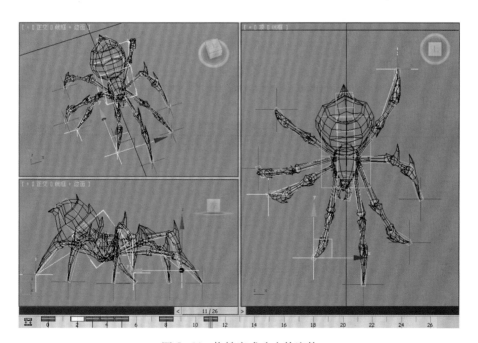

图 5-64　蜘蛛完成攻击的姿势

　　（6）把时间滑块拨动到第 14 帧，使用 （选择并移动）和 （选择并旋转）工具调整骨骼对象和虚拟对象的位置和角度，制作出蜘蛛身体继续后撤以及肢体应该做出的跟随和抬起姿势，如图 5-65 所示。同理，把时间滑块拨动到第 17 帧，使用 （选择并移动）和 （选择并旋转）工具调整骨骼对象和虚拟对象的位置和角度，继续制作出蜘蛛身体后撤以及肢体的跟随姿势。

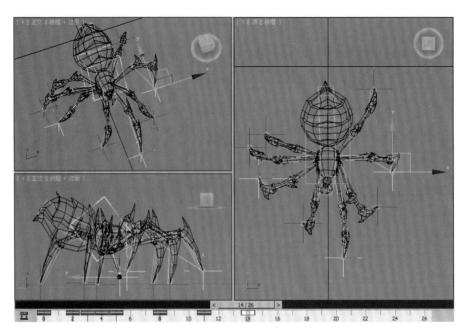

图 5-65　蜘蛛在第 14 帧时的后撤姿势

（7）同理，分别把时间滑块拨动到第 20 帧、第 23 帧和第 26 帧，再使用 （选择并移动）和 （选择并旋转）工具调整骨骼对象和虚拟对象的位置和角度，制作出蜘蛛最后三帧的后撤姿势，效果如图 5-66、图 5-67 和图 5-68 所示。

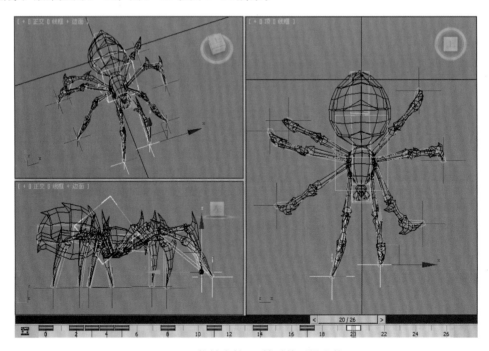

图 5-66　蜘蛛在第 20 帧时的后撤姿势

（8）单击 ▶（播放动画）按钮播放动画，这时可以看到蜘蛛攻击的动作，同时配合有身体摇摆和撕咬等细节动画。在播放动画的时候如发现幅度过大等不正确的地方，可以适当调

整，最后将文件保存为"配套资源／MAX／第5章 制作多足角色——蜘蛛的动画／zhizhu_攻击.max"。

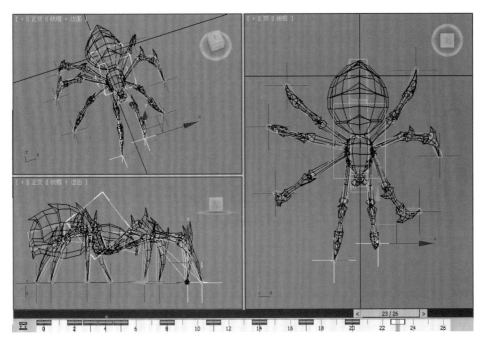

图 5-67 蜘蛛在第 23 帧时的后撤姿势

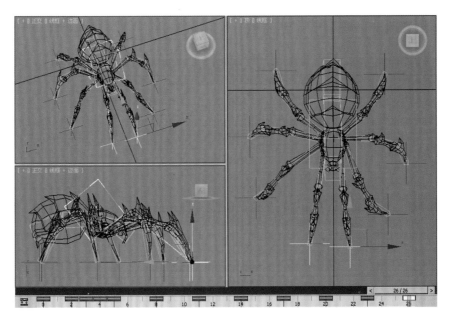

图 5-68 蜘蛛在第 26 帧时的后撤姿势

🔵 提 示

　　蜘蛛攻击动作具体方法详见"配套资源／多媒体视频文件／第5章 制作多足角色——蜘蛛的动画／攻击001.avi"、"攻击002.avi"视频文件。

5.3.3 蜘蛛的奔跑动作

奔跑是游戏角色的基本动作之一，必须了解和掌握，本节就来学习奔跑动作的制作方法。蜘蛛奔跑动作的主要序列图如图 5-69 所示。

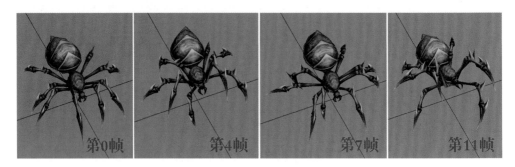

图 5-69 蜘蛛奔跑动作序列图

（1）打开"配套资源／ＭＡＸ／第 5 章 制作多足角色——蜘蛛的动画／ zhizhu_ 蒙皮 .max"文件，然后单击动画控制区中的 （时间配置）按钮，在弹出的"时间配置"对话框中设置"结束时间"为"14"，再单击"确定"按钮，如图 5-70 所示，单击"确定"按钮，从而将时间滑块长度设为 14 帧。

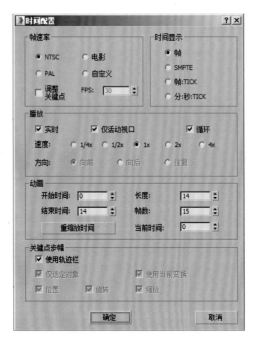

图 5-70 设置时间滑块长度

（2）打开"自动关键点"按钮，然后把时间滑块拨动到第 0 帧，使用 （选择并移动）和 （选择并旋转）工具调整虚拟对象和蜘蛛骨骼的位置，制作出蜘蛛奔跑的初始姿势，如图 5-71 所示。然后按住【Shift】键的同时，选择第 0 帧关键帧，将其复制到第 14 帧，以便使动画能够流畅地衔接起来。

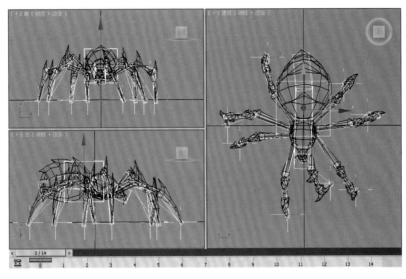

图 5-71　蜘蛛奔跑初始姿势

（3）把时间滑块拨动到第 7 帧，使用 （选择并移动）和 （选择并旋转）工具调整虚拟对象、蜘蛛骨骼的位置和角度，如图 5-72 所示。

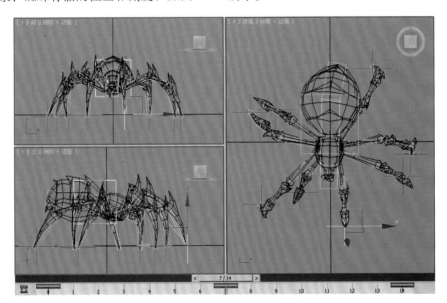

图 5-72　蜘蛛奔跑的第 7 帧动作

➕ 提示

此时蜘蛛身体、肢体的运动方向与第 0 帧是相反的。

（4）把时间滑块拨动到第 2 帧，使用 （选择并移动）和 （选择并旋转）工具调整虚拟对象、蜘蛛骨骼的位置和角度，使左侧第一、三条腿部和右侧第二、四条腿部稍稍上抬，身体重心稍稍后移，从而制作出蜘蛛奔跑时的抬腿姿势，如图 5-73 所示。

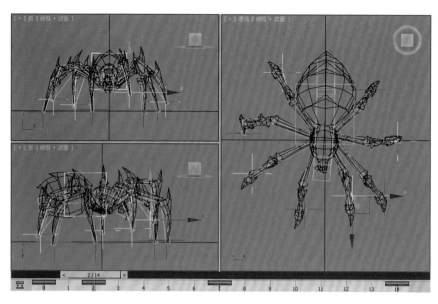

图 5-73　蜘蛛奔跑时的抬腿姿势

　　(5) 把时间滑块拨动到第 4 帧, 再使用 ⊕ (选择并移动) 和 ○ (选择并旋转) 工具调整虚拟对象、骨骼对象的位置和角度, 使左侧第一、三条腿部和右侧第二、四条腿部继续向上、向前抬, 身体摇摆, 牙齿张开, 身体整体的重心向上前方移动, 从而制作出蜘蛛奔跑时的迈腿姿势, 如图 5-74 所示。然后把时间滑块拨动到第 5 帧, 再使用 ⊕ (选择并移动) 和 ○ (选择并旋转) 工具调整虚拟对象、骨骼对象的位置和角度, 使左侧第一、三条腿部和右侧第二、四条腿部继续向下、向前迈出, 牙齿张开, 身体整体的重心向下前方移动, 从而制作出蜘蛛奔跑时腿部落地之前的姿势, 如图 5-75 所示。

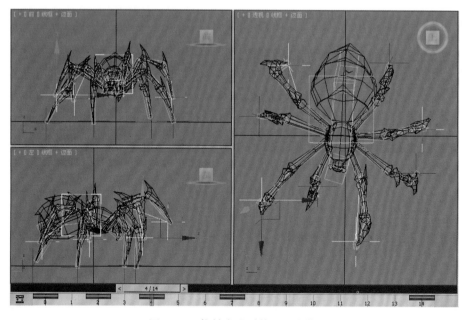

图 5-74　蜘蛛奔跑时的迈腿姿势

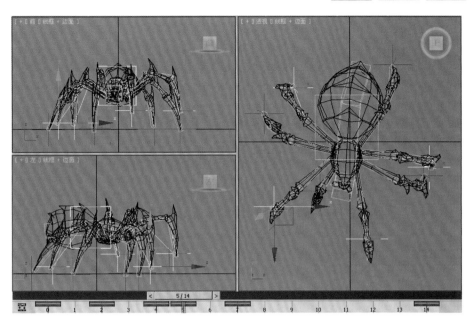

图 5-75 蜘蛛奔跑时腿部落地之前的姿势

（6）把时间滑块拨动到第 9 帧，使用 ⊕（选择并移动）和 ↻（选择并旋转）工具调整虚拟对象、蜘蛛骨骼的位置和角度，使左侧第二、四条腿部和右侧第一、三条腿部上抬，身体向左、上摇摆，身体整体的重心上移，从而制作出蜘蛛第 9 帧的抬腿姿势以及奔跑时身体摇摆抖动的效果，如图 5-76 所示。

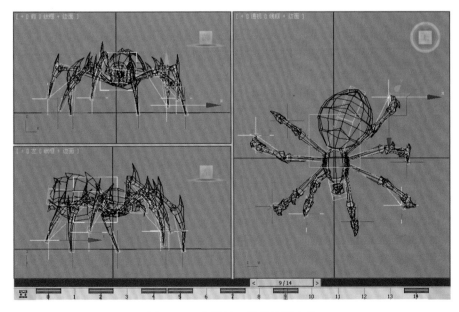

图 5-76 蜘蛛第 9 帧的抬腿姿势

（7）把时间滑块拨动到第 11 帧，使用 ⊕（选择并移动）和 ↻（选择并旋转）工具调整虚拟对象、蜘蛛骨骼的位置和角度，使左侧第二、四条腿部和右侧第一、三条腿部上抬，身体向右、上摇摆，牙齿张开，身体整体的重心上移，从而制作出蜘蛛在第 11 帧时的迈腿姿势，如图 5-77 所示。然后把时间滑块拨动到第 12 帧，再使用 ⊕ （选择并移动）和 ↺ （选择并旋转）工具调整虚拟对象、骨骼对象的位置和角度，使左侧第二、四条腿部和右侧第一、三条腿部继续向下、向前迈出，身体整体的重心向下前方移动，牙齿张开，从而制作出蜘蛛奔跑在第 12 帧时，腿部落地之前的姿势，如图 5-78 所示。

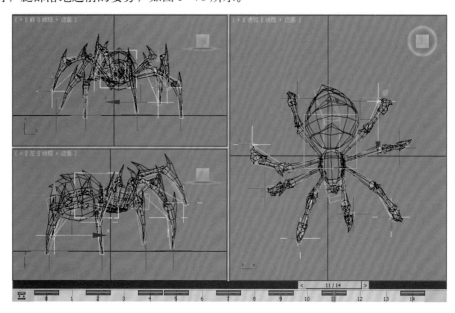

图 5-77　蜘蛛第 11 帧的迈腿姿势

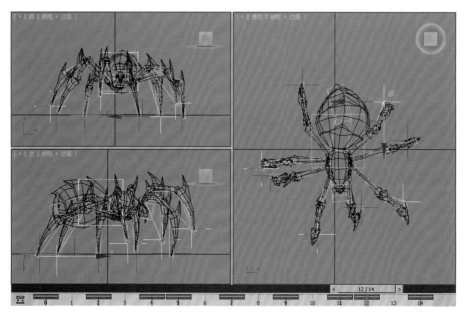

图 5-78　蜘蛛第 12 帧时腿部落地之前的姿势

（8）单击 ▶ （播放动画）按钮播放动画，这时可以看到蜘蛛在快速奔跑，同时配合有身体摇摆、抖动以及牙齿开合等细节动画。在播放动画的时候如发现幅度过大等不正确的地方，可以适当调整，最后将文件保存为"配套资源／ＭＡＸ／第 5 章　制作多足角色——蜘蛛的动画／zhizhu_奔跑.max"。

蜘蛛奔跑动作具体方法详见"配套资源/多媒体视频文件/第5章 制作多足角色——蜘蛛的动画/奔跑.avi"视频文件。

5.3.4 蜘蛛的死亡动作

死亡动作是非循环的动画，本节将制作蜘蛛向后翻转并倒地死亡的动作。蜘蛛死亡动作序列图如图5-79所示。

图5-79 蜘蛛死亡动作序列图

（1）打开"配套资源/MAX/第5章 制作多足角色——蜘蛛的动画/zhizhu_蒙皮.max"文件，然后单击动画控制区中的 （时间配置）按钮，接着在弹出的"时间配置"对话框中设置"结束时间"为"60"，单击"确定"按钮，从而将时间滑块长度设为60帧。

（2）打开"自动关键点"按钮，然后把时间滑块拨动到第0帧，然后使用 （选择并移动）和 （选择并旋转）工具分别调整蜘蛛腿部、头部和身体的骨骼对象、辅助对象的位置和角度，再右击时间滑块，创建蜘蛛死亡动作的初始关键帧，如图5-80所示。

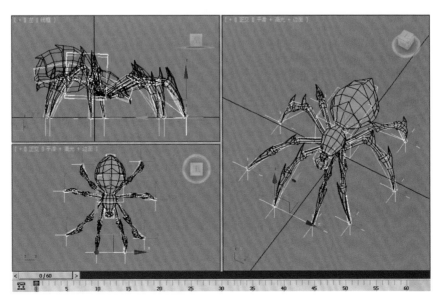

图5-80 蜘蛛死亡动作的初始关键帧

（3）接着把时间滑块拨动到第 3 帧，再使用 ⊹（选择并移动）和 ↻（选择并旋转）工具分别调整蜘蛛骨骼、辅助对象的位置和角度，从而制作出蜘蛛身体向后仰起的姿势，效果如图 5-81 所示。然后把时间滑块拨动到第 5 帧，再使用 ⊹（选择并移动）和 ↻（选择并旋转）工具分别调整蜘蛛骨骼、辅助对象的位置与角度，从而制作出蜘蛛身体后仰腾空的姿势，效果如图 5-82 所示。

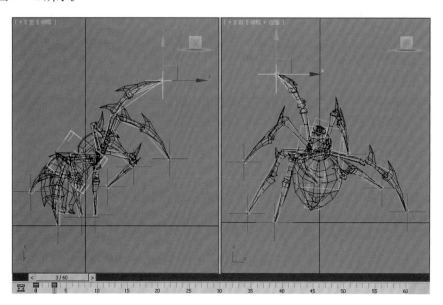

图 5-81　蜘蛛身体向后仰起的姿势

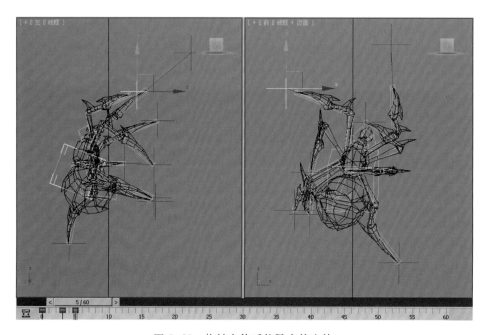

图 5-82　蜘蛛身体后仰腾空的姿势

（4）把时间滑块拨动到第 7 帧，再使用 ⊹（选择并移动）和 ↻（选择并旋转）工具分别调整蜘蛛骨骼、辅助对象的位置和角度，从而制作出蜘蛛身体腾空向后翻滚的姿势，效果

如图 5-83 所示。然后把时间滑块拨动到第 9 帧，再使用  （选择并移动）和  （选择并旋转）工具分别调整蜘蛛骨骼、辅助对象的位置和角度，从而制作出蜘蛛身体接触地面时的姿势，效果如图 5-84 所示。

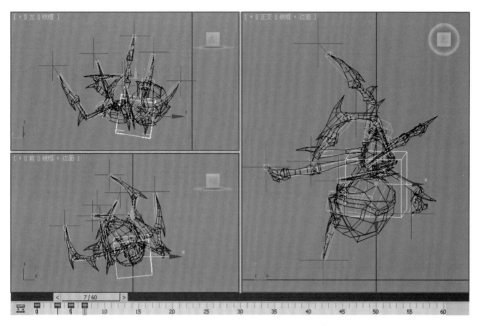

图 5-83　蜘蛛身体腾空向后翻滚的姿势

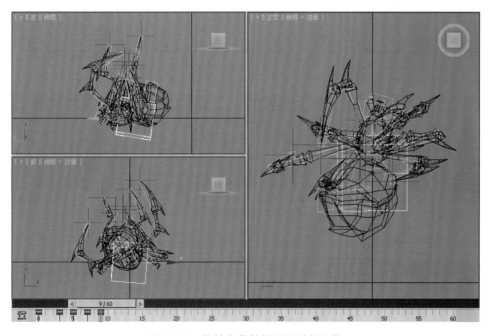

图 5-84　蜘蛛身体接触地面时的姿势

（5）把时间滑块拨动到第 11 帧，再使用  （选择并移动）和  （选择并旋转）工具分别调整蜘蛛骨骼、辅助对象的位置和角度，从而制作出蜘蛛落地后肢体略微摇晃的姿势，效

果如图 5-85 所示。然后把时间滑块拨动到第 13 帧，再使用 ⊹ （选择并移动）和 ↻ （选择并旋转）工具分别调整蜘蛛骨骼、辅助对象的位置和角度，从而制作出蜘蛛落地后身体向上挺直、肢体张开的姿势，效果如图 5-86 所示。

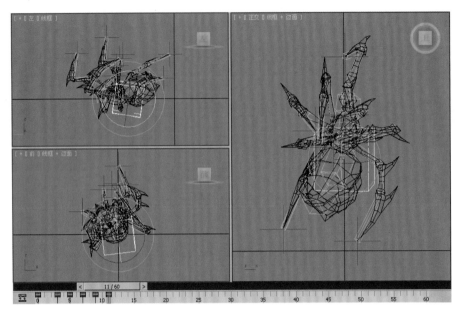

图 5-85　蜘蛛落地后的第 11 帧姿势

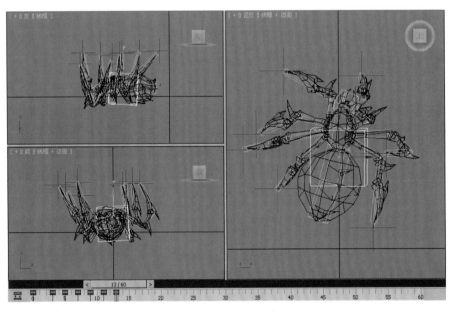

图 5-86　制作蜘蛛落地后的第 13 帧姿势

（6）把时间滑块拨动到第 15 帧，再使用 ⊹ （选择并移动）和 ↻ （选择并旋转）工具分别调整蜘蛛骨骼、辅助对象的位置和角度，从而制作出蜘蛛身体挺直后再出现松弛的姿势，效果如图 5-87 所示。

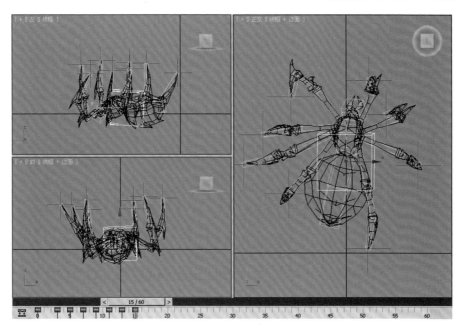

图 5-87　制作蜘蛛落地后的第 15 帧姿势

（7）把时间滑块拨动到第 17 帧、20 帧、22 帧，再使用 ⊹（选择并移动）和 ⟳（选择并旋转）工具分别调整蜘蛛骨骼、辅助对象的位置和角度，从而制作出蜘蛛死亡前身体和肢体即将出现抽搐抖动的姿势，效果如图 5-88 ～图 5-90 所示。

（8）分别把时间滑块拨动到第 24 帧、第 26 帧、第 28 帧和第 33 帧，再使用 ⊹（选择并移动）和 ⟳（选择并旋转）工具制作出蜘蛛死亡过程中的身体重心变化，效果如图 5-91 所示。

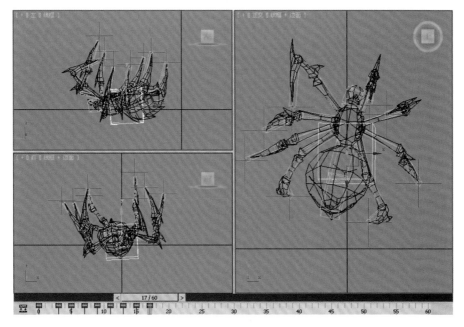

图 5-88　蜘蛛在第 17 帧的姿势

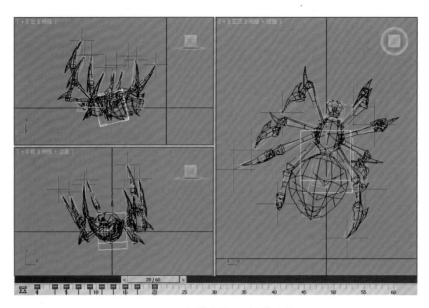

图 5-89　蜘蛛在第 20 帧的姿势

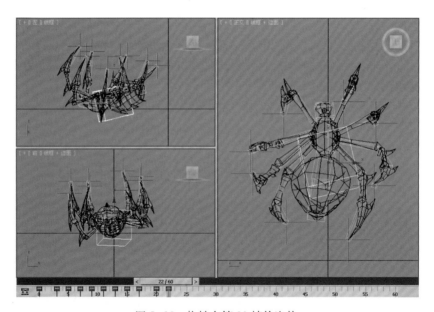

图 5-90　蜘蛛在第 22 帧的姿势

　　（9）分别把时间滑块拨动到第 23 帧、第 24 帧、第 25 帧和第 26 帧，再使用 ⟳（选择并旋转）工具调整头部骨骼的角度，从而制作出蜘蛛死亡时头部的姿势变化，效果如图 5-92 所示。

　　然后分别把时间滑块拨动到第 23 帧、第 24 帧和第 25 帧，再使用 ⟳（选择并旋转）工具调整胸部骨骼的角度，从而制作蜘蛛死亡时胸部的姿势变化，效果如图 5-93 所示。接着框选第 23 帧至第 25 帧的关键帧，在按住【Shift】键同时，将胸部姿势的关键帧分别复制到第 26 帧至第 28 帧、第 29 帧至第 31 帧、第 33 帧至第 35 帧、第 38 帧至第 40 帧、第 43 帧至第 45 帧，最后把第 44 帧复制到第 46 帧，第 45 帧复制到第 50 帧的位置，效果如图 5-94 所示。

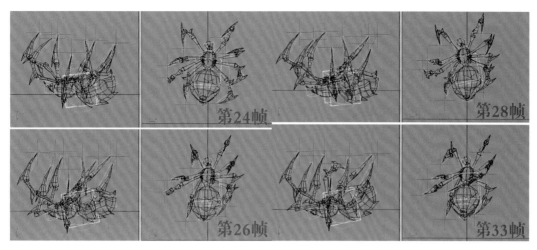

图 5-91　蜘蛛死亡过程中身体重心的变化

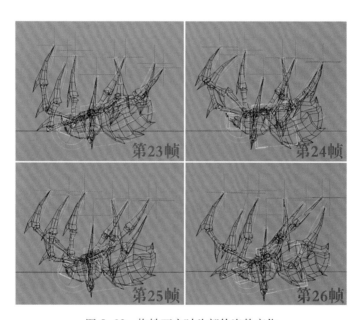

图 5-92　蜘蛛死亡时头部的姿势变化

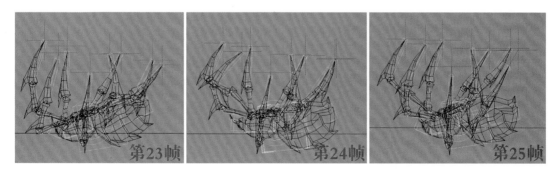

图 5-93　蜘蛛死亡时胸部的姿势变化

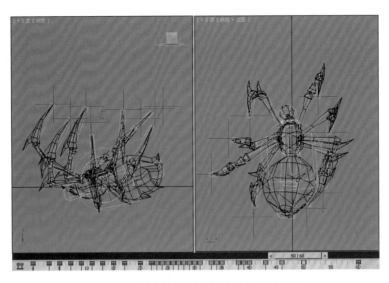

图 5-94 复制蜘蛛死亡时胸部运动的关键帧

（10）分别把时间滑块拨动到第 24 帧、第 25 帧和第 26 帧，再使用 (选择并旋转) 工具调整腹部骨骼的角度，从而制作出蜘蛛死亡过程中腹部的姿势变化，效果如图 5-95 所示。然后框选第 24 帧至第 26 帧的关键帧，在按住【Shift】键同时，将腹部姿势的关键帧分别复制到第 30 帧至第 32 帧、第 43 帧至第 45 帧的位置。接着将第 44 帧复制到第 54 帧，第 45 帧复制到第 60 帧的位置，效果如图 5-96 所示。

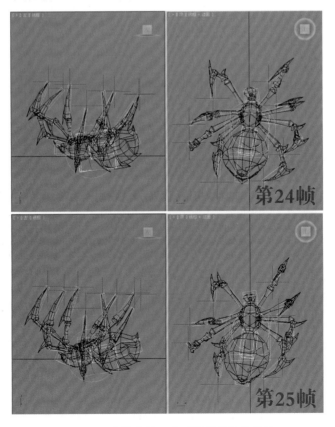

图 5-95 制作蜘蛛死亡时腹部的姿势变化

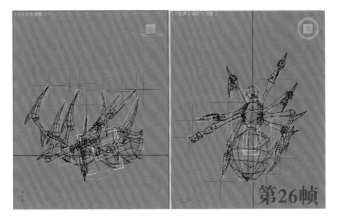

图 5-95 制作蜘蛛死亡时腹部的姿势变化（续）

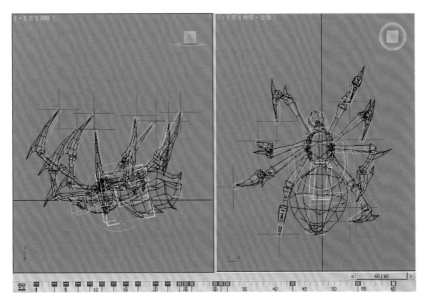

图 5-96 复制蜘蛛死亡时腹部运动的关键帧

（11）分别把时间滑块拨动到第 24 帧、第 25 帧、第 26 帧，再使用 ⟳ （选择并旋转）工具调整尾部骨骼的角度，从而制作出蜘蛛死亡过程中尾部的姿势变化，效果如图 5-97 所示。然后框选第 24 帧至第 26 帧的关键帧，在按住【Shift】键同时，将尾部姿势的关键帧分别复制到第 27 帧至第 29 帧、第 30 帧至第 32 帧、第 33 帧至第 35 帧、第 36 帧至第 38 帧、第 40 帧至第 42 帧的位置。接着将第 41 帧复制到第 44 帧的位置，再将第 42 帧复制到第 47 帧的位置。最后在按住【Shift】键同时，将尾部姿势的第 44 帧关键帧复制到第 57 帧，效果如图 5-98 所示。

（12）分别把时间滑块拨动到第 25 帧、第 26 帧、第 27 帧、第 28 帧、第 29 帧和第 30 帧，再使用 ✛ （选择并移动）和 ⟳ （选择并旋转）工具调整第一条右腿根骨骼的位置和角度，同时配合调整 IK 解调器的位置，制作出蜘蛛死亡过程中第一条右腿的抽搐抖动姿势，效果如图 5-99 所示。然后框选第 28 帧至第 30 帧的关键帧，在按住【Shift】键的同时，依次复制到第 36 帧、第 38 帧、第 39 帧，第 42 帧、第 44 帧、第 45 帧的位置。最后把第 44 帧复制到第 45 帧，第 45 帧复制到第 50 帧的位置，效果如图 5-100 所示。

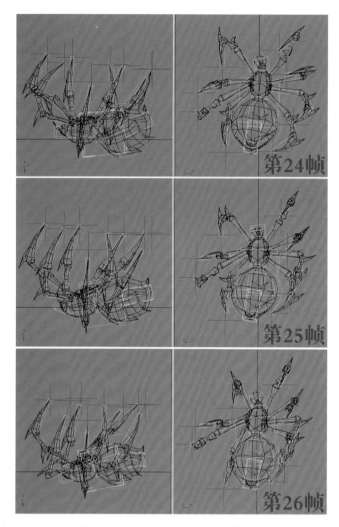

图 5-97　蜘蛛死亡时尾部的姿势变化

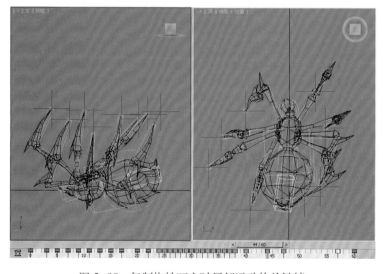

图 5-98　复制蜘蛛死亡时尾部运动的关键帧

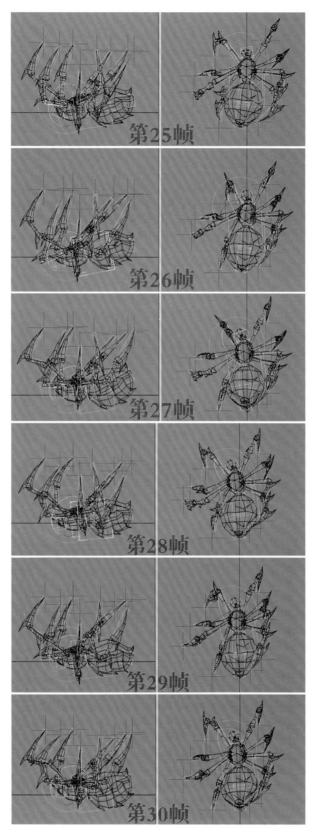

图 5-99 第一条右腿的抽搐抖动姿势

233

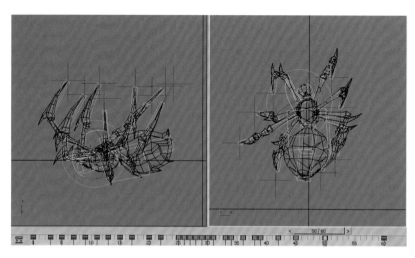

图 5-100　复制关键帧的位置

（13）同理，制作出第一条左腿的伸缩姿势，效果如图 5-101 所示；制作出第二条右腿的伸缩姿势，效果如图 5-102 所示；制作出第二条左腿的伸缩姿势，效果如图 5-103 所示；制作出第三条右腿的伸缩姿势，效果如图 5-104 所示；制作出第三条左腿的伸缩姿势，效果如图 5-105 所示；制作出第四条右腿的伸缩姿势，效果如图 5-106 所示；制作出第四条左腿的伸缩姿势，效果如图 5-107 所示。

（14）拖动时间滑块到第 60 帧，然后使用 和 工具分别调整蜘蛛腿部、头部和身体的骨骼对象、辅助对象的位置和角度，再右击时间滑块，创建蜘蛛死亡结束动作的关键帧，如图 5-108 所示。

（15）单击 ▶（播放动画）按钮播放动画，这时可以看到蜘蛛身体快速腾空并向后翻滚，同时配合有身体抽搐、腿部抖动等的细节动画。在播放动画的时候如发现幅度过大等不正确的地方，可以适当调整。最后将文件保存为"配套资源／ＭＡＸ／第 5 章　制作多足角色——蜘蛛的动画／zhizhu_ 死亡 .max"。

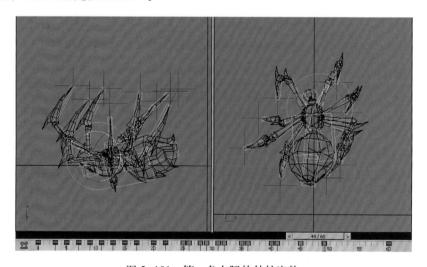

图 5-101　第一条左腿的伸缩姿势

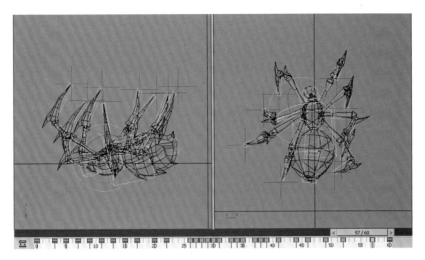

图 5-102　第二条右腿的伸缩姿势

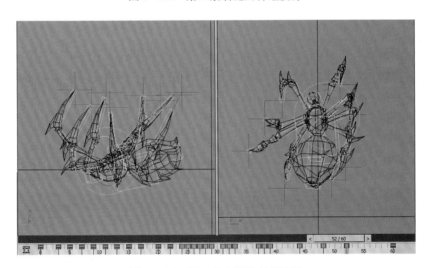

图 5-103　第二条左腿的伸缩姿势

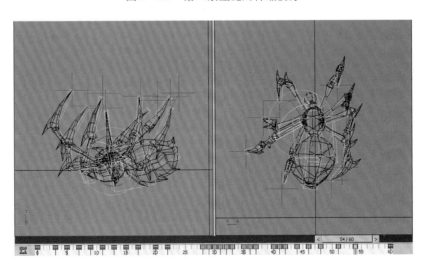

图 5-104　第三条右腿的伸缩姿势

235

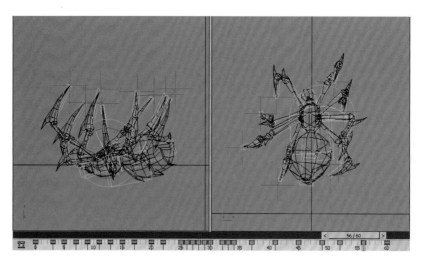

图 5-105　第三条左腿的伸缩姿势

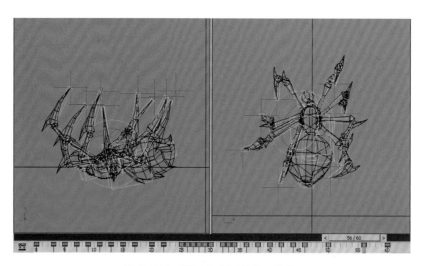

图 5-106　第四条右腿的伸缩姿势

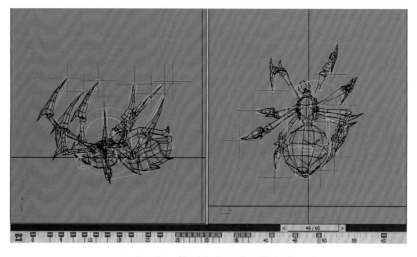

图 5-107　第四条左腿的伸缩姿势

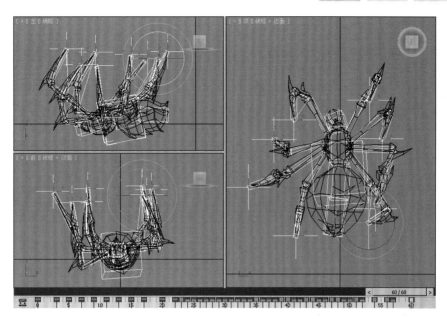

图 5-108　蜘蛛死亡结束动作的关键帧

⊕ 提 示

　　蜘蛛死亡动作的具体方法详见"配套资源 / 多媒体视频文件 / 第 5 章　制作多足角色——蜘蛛的动画 / 死亡 001.rar""死亡 002.rar""死亡 003.rar""死亡 004.rar"和"死亡005.rar"视频文件。

课 后 练 习

1. 填空题

（1）在游戏开发中，通常使用 _____ 骨骼系统来创建骨骼。

（2）3ds Max 2016 的蒙皮有 _____ 和 _____ 两种，在游戏中通常使用 _____ 进行蒙皮。

2. 问答题

简述调整基础骨骼时将模型进行冻结的理由。

3. 制作题

利用"配套资源 / 课后练习 /5.4 课后练习 /zhizhu.rar"文件，制作一段待机的动画，最终结果可参照"课后练习 /5.4 课后练习 /zhizhu_ 待机 .rar"文件。

第6章

人型生物（BOSS）的动画制作

在本章中，我们将讲解次时代角色——人型生物的行走、呼吸、攻击、旋转倒地、死亡倒地动作动画的制作方法。本例的动作动画效果如图 6-1 所示。通过本章学习，读者应掌握利用 Character Studio 创建人型生物骨骼、Skin 蒙皮，以及游戏中人型生物（以下称"怪物"）常用的动作动画制作方法。

(a) 呼吸动作

(b) 攻击动作

(c) 旋转倒地死亡动作

(d) 前进动作

图 6-1　人型生物的动作动画效果

6.1　怪物的骨骼创建

　　在设置游戏骨骼时，通常使用 Character Studio 骨骼系统，它结合 Bones 骨骼可以满足大部分模型对骨骼系统的要求。这种骨骼提供了最快捷方便的搭建模式，可进行自由的 IK／FK 操控，可随意地定义手脚的旋转轴心，并进行快捷地进行姿势粘贴以及其他的一些很方便的操作。

　　Character Studio 骨骼系统允许使用者对其高度、大小，以及骨架关节数量进行调整，且任何的调整都不需要再重新设定正逆向的连接关系，调整后的新连接关系也会马上自动成型。Character Studio 骨骼系统中的 Biped 模块使用的 IK 系统经过特别的设计，全面考虑了人体的运动规律和两足动物的运动限制，专门用于制作两足动物动画。Biped 模块可综合控制两足动物的重量和重心，这使得 Biped 在两足动物的双足离开地面时，能够填补两足动物的正确姿势，并且能够使两足动物的重心动态保持平衡，从而获得自然的动态效果。下面就正式进入怪物动画的制作流程。

　　首先启动 3ds Max 2016，打开"配套资源／MAX／第 6 章　制作人型生物（BOSS）／人型生物（BOSS）.MAX"文件。然后单击 ✷ （创建）面板下 ✷ （系统）中的"Biped"按钮，接着在前视图中拖出一个 Biped 两足角色——Bip01，如图 6-2 所示。

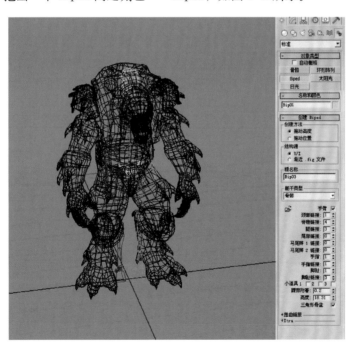

图 6-2　在前视图中拖出一个 Biped 两足角色

6.2　怪物的骨骼设定

　　本节包括怪物基础骨骼的设定、怪物身体骨骼的调整、怪物四肢骨骼的调整、怪物头部骨骼的调整、怪物装备的骨骼和模型匹配、链接 Bone 骨骼至 Character Studio 骨骼六个部分。

6.2.1 怪物基础骨骼的设定

在调整怪物的基础骨骼之前，要把怪物的全部模型选中并且冻结，以便保证在调整怪物骨骼的操作过程中，怪物的模型不会因为被误选而出现错误。首先进入 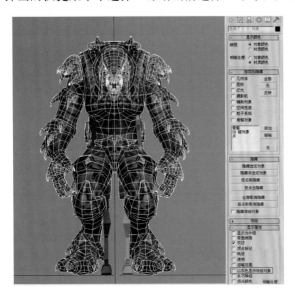（显示）面板，取消选中"以灰色显示冻结对象"复选框，如图 6-3（a）所示。然后选中怪物模型并右击，从弹出的快捷菜单中选择"冻结当前选择"命令，如图 6-3（b）所示，即可冻结怪物模型。

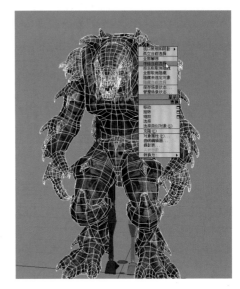

（a）冻结模型　　　　　　　　　　　　　　　（b）显示模型真实颜色

图 6-3　怪物基础骨骼的设定

> **● 提示**
>
> 默认冻结后的模型是以灰色进行显示的，取消选中"以灰色显示冻结对象"复选框，可以使怪物的模型显示出真实颜色。

6.2.2 怪物身体骨骼的调整

（1）在前视图中选择怪物骨骼的轴心（位于怪物小腹中心的菱形物体），然后利用 ⊹（选择并移动）工具将轴心移动到怪物模型的重心位置，如图 6-4 红色圆圈所示。

（2）同理，在左视图中调整怪物模型的重心位置，如图 6-5 红色圆圈所示。

（3）选择视图中的怪物骨骼，进入 ◎（运动）面板，然后激活 ⚐（体形模式）按钮，进入体形模式。接着选择"结构"卷展栏下"躯干类型"下拉列表中的"标准"选项，将怪物骨骼的显示改为标准类型，再根据模型的需要调节怪物骨骼的形体参数，如图 6-6 所示。

（4）在体形模式下，利用工具栏中的 ▣（选择并匀称缩放）工具将 Bip01 Pelvis 骨骼放大，如图 6-7 所示，使骨骼高度与模型匹配。

（5）分别在前视图和左视图中利用 ⊹（选择并移动）工具、⟳（选择并旋转）工具和 ▣（选择并匀称缩放）工具将脊椎与模型匹配对齐，使骨骼对模型的影响更为精确，如图 6-8 所示。

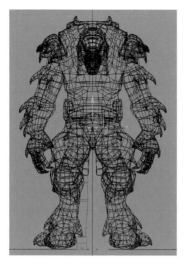

图 6-4　在前视图中移动骨骼轴心

图 6-5　在左视图中移动骨骼轴心

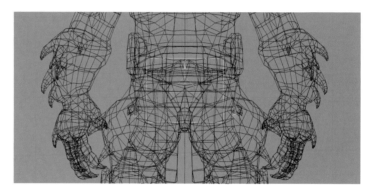

图 6-6　调节骨骼显示参数

图 6-7　将 Bip01 Pelvis 骨骼放大

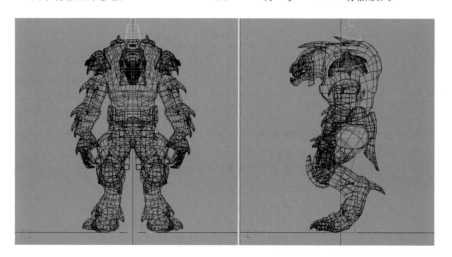

图 6-8　将怪物脊椎与模型匹配对齐

6.2.3 怪物四肢骨骼的调整

由于怪物的四肢是左右对称的，因此在匹配怪物骨骼和模型的时候，我们采用的是先调整好一边的骨骼形态，再复制给另一边的骨骼，这样可以提高制作效率。

（1）匹配怪物肩膀的骨骼。利用 ✛（选择并移动）工具、⟳（选择并旋转）工具和 ⊡（选择并匀称缩放）工具将怪物肩膀部分的骨骼与相对应的模型匹配，如图 6-9 所示。

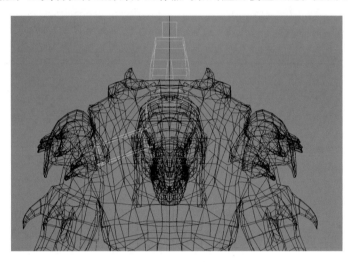

图 6-9　匹配一边肩膀的骨骼

（2）匹配手臂、手掌的骨骼。继续利用 ✛（选择并旋转）工具和 ⊡（选择并匀称缩放）工具将手臂和手掌的骨骼与模型进行匹配，如图 6-10 所示。

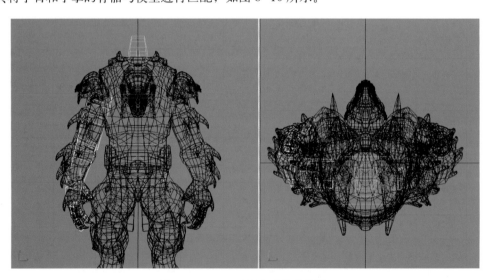

图 6-10　匹配手臂和手掌的骨骼

➕ **提 示**

要注意首先在前视图中进行匹配，然后再到顶视图中进行观察调整。

（3）匹配手指的骨骼。由于手指的动作比较灵活，因此这一步要细心操作，将每个手指的关节匹配准确，如图 6-11 所示。

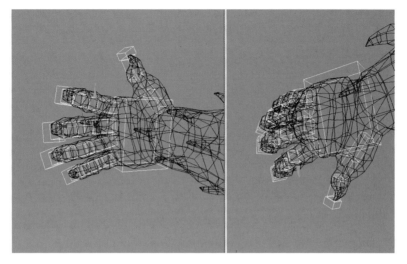

图 6-11　匹配手指的骨骼

（4）匹配腿部的骨骼。首先在正视图中进行匹配，然后到侧视图中观察调整。注意膝盖的位置一定要和模型匹配准确，如图 6-12 所示。

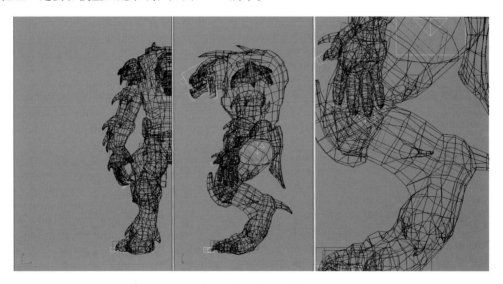

图 6-12　匹配腿部的骨骼

（5）选择已经匹配好的手臂和腿部骨骼，然后单击"复制／粘贴"卷展栏中的 ▓（创建集合）按钮，再单击 ▣（复制）按钮，进行复制，接着单击 ▣（向对面粘贴姿态）按钮，如图 6-13 所示，从而选择骨骼粘贴到对称的一方，如图 6-14 所示。

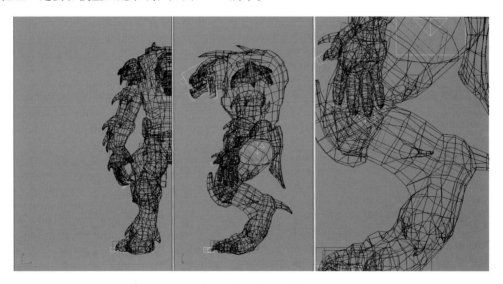

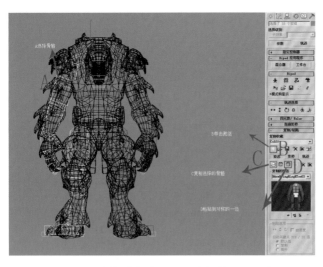

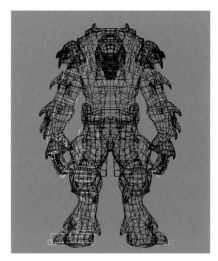

图 6-13　将调整好的四肢骨骼复制到另一边　　　　图 6-14　骨骼复制完成的效果

6.2.4　怪物头部骨骼的调整

（1）选择头部骨骼并右击，从弹出的菜单中选择"对象属性"命令，如图 6-15 所示。然后在弹出的"对象属性"对话框中选中"显示为外框"复选框，将头部骨骼改为线框显示，如图 6-16 所示，单击"确定"按钮。这样有利于骨骼与模型更好地匹配。

（2）利用 ✛（选择并移动）工具、◌（选择并旋转）工具和 ▱（选择并匀称缩放）工具将怪物的头部骨骼、颈部骨骼和模型匹配对齐，如图 6-17 所示。

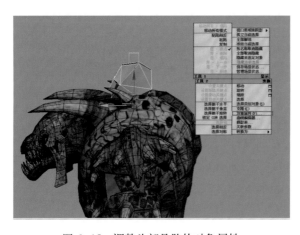

图 6-15　调整头部骨骼的对象属性

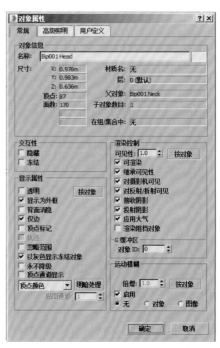

图 6-16　"对象属性"对话框设置

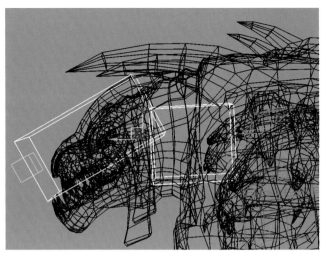

图 6-17 匹配怪物头颈部的骨骼和模型

6.2.5 怪物装备的骨骼和模型匹配

（1）切换到左视图，然后单击 （创建）面板下 （系统）中的"骨骼"按钮，再在怪物下颚上面创建一根骨骼。接着右击，从弹出的菜单中选择"对象属性"命令，再在弹出的"对象属性"对话框中选中"显示为外框"复选框，将骨骼的显示属性改为线框显示模式。最后利用 （选择并移动）工具、 （选择并旋转）工具和 （选择并匀称缩放）工具将创建的骨骼与怪物下颚对齐，如图 6-18 所示。

（2）为怪物头盔两侧的带子创建骨骼，然后将其对象属性改为线框显示模式，接着利用 （选择并移动）工具、 （选择并旋转）工具和 （选择并匀称缩放）工具将左侧的骨骼和带子进行匹配对齐，操作时要注意在前视图和左视图中进行调整，匹配后的效果如图 6-19 所示。

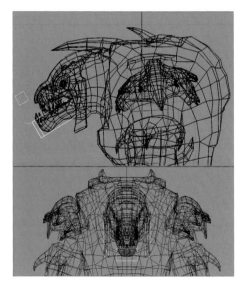

图 6-18　创建并匹配怪物下颚的骨骼

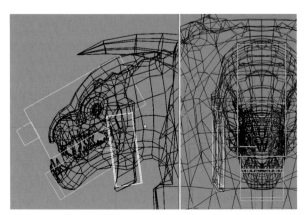

图 6-19　创建并匹配头盔左侧带子的骨骼

245

第 6 章　人型生物（BOSS）的动画制作

（3）复制带子的骨骼。按下【Shift】键的同时，拖动带子骨骼至另外一侧，然后在弹出的"克隆选项"对话框中单击"复制"单选框，如图 6-20 所示，单击"确定"按钮。接着单击工具栏中的 （镜像）按钮，在弹出的对话框中选择"镜像轴"为"X"轴，"克隆当前选择"中选"不克隆"选项，如图 6-21 所示，单击"确定"按钮。最后利用 （选择并移动）工具将骨骼和带子对齐，匹配好骨骼的头部模型如图 6-22 所示。

图 6-20　"克隆选项"对话框　　　　　图 6-21　设置镜像参数

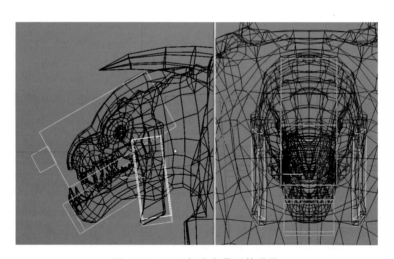

图 6-22　匹配好头盔带子的骨骼

（4）创建并匹配怪物肩部装备的骨骼。在前视图中创建一块 Bones 骨骼，如图 6-23（a）所示，并确认将对象属性改变为线框显示模式。然后利用 （选择并移动）工具、 （选择并旋转）工具和 （选择并匀称缩放）工具在前视图和左视图中将骨骼和肩部装备对齐，如图 6-23（b）所示。

🔵 提　示

怪物肩部的装备模型也是左右对称的，因此在匹配骨骼时只需要匹配好其中的一侧即可。

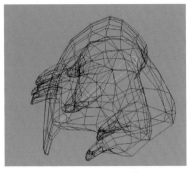

（a）创建怪物肩部装备的骨骼

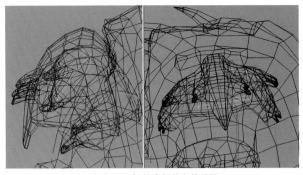

（b）匹配怪物肩部装备的骨骼

图 6-23　创建并匹配怪物肩部装备的骨骼

（5）复制肩部装备的骨骼。按下【Shift】键的同时，拖动装备的骨骼至另外一侧，然后在弹出的"克隆选项"对话框中选择"复制"选项，单击"确定"按钮。接着单击工具栏中 ⬚（镜像）按钮，在弹出的对话框中选择"镜像轴"为"X"轴，"克隆当前选择"选项组中选择"不克隆"选项，单击"确定"按钮。最后利用 ⬚（选择并移动）工具将骨骼和肩部装备模型对齐，匹配好骨骼的另一侧肩部装备模型如图 6-24 所示。

图 6-24　复制肩部装备的骨骼

（6）同理，完成腿部装备骨骼的创建和匹配，操作过程如图 6-25 和图 6-26 所示。

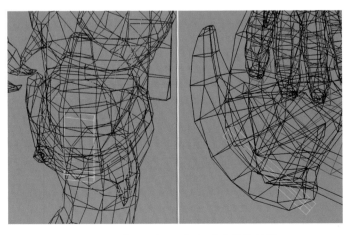

图 6-25　创建并匹配怪物膝关节的骨骼

第 6 章　人型生物（BOSS）的动画制作

247

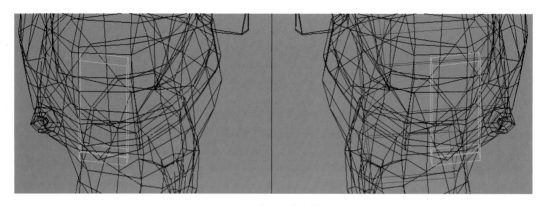

图 6-26　复制怪物膝关节的骨骼

6.2.6　骨骼的链接

完成骨骼与模型的匹配后，下面要对 Bones 骨骼与 Character Studio 骨骼进行链接，以确保在后面调节怪物的动作时，两种骨骼不会产生脱节。比如调节头部的动作，就需要两种骨骼（头部的 Character Studio 骨骼和下颚的 Bones 骨骼）共同调节完成。

（1）将头盔两侧的带子和下颚的骨骼链接到头部骨骼上。同时选择头盔两侧的带子和下颚的骨骼，然后选择工具栏中的 🔗 （选择并链接）按钮，单击将这些 Bones 骨骼拖动到头部骨骼上即可，如图 6-27 所示。

（2）同理，将怪物肩部装备和腿部装备的骨骼链接到 Character Studio 骨骼上。首先选择肩部装备骨骼，使用 🔗 （选择并链接）工具，单击肩部装备的骨骼将其拖动到肩部骨骼，如图 6-28 所示。然后最后选择腿部装备骨骼，使用 🔗 （选择并链接）工具，单击装备骨骼并将其拖动到肩部骨骼，如图 6-29 所示。

（3）最终，完成怪物模型的骨骼设定，效果如图 6-30 所示。

图 6-27　将头部装备骨骼链接到头部骨骼

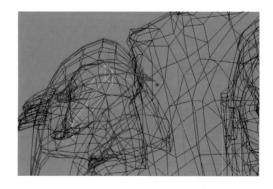

图 6-28　链接肩部装备的骨骼到肩部骨骼

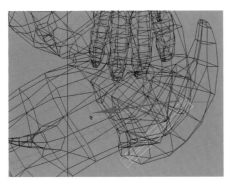

图 6-29　链接腿部装备的骨骼至腿部骨骼

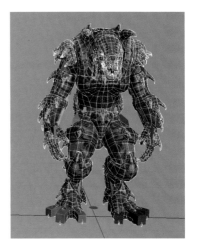

图 6-30　完成怪物的骨骼设定

6.3　怪物的蒙皮设定

　　Skin 蒙皮的优点是可以自由选择 Bone 来进行蒙皮，调节权重也十分方便，并且可以镜像权重，这样只要做好一半身体的蒙皮就可以完成全部身体的蒙皮了。

6.3.1　添加蒙皮修改器

　　（1）打开设定好骨骼的怪物模型文件，然后选择全部的模型，进入 （修改）面板，在修改器下拉菜单中选择"蒙皮"修改器，如图 6-31 所示。

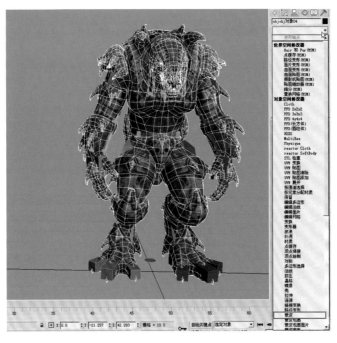

图 6-31　为完成骨骼设定的模型添加"蒙皮"修改器

(2) 单击 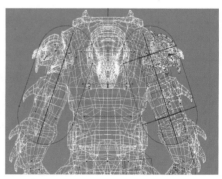（修改）面板下的"添加"按钮，从弹出的"选择骨骼"对话框的列表中选择全部骨骼，如图6-32所示，单击"选择"按钮。

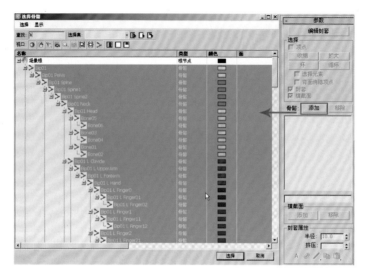

图6-32　选择所有的骨骼

6.3.2　调节封套

为骨骼指定"蒙皮"修改器后，还不能调节怪物的动作。因为这时骨骼对模型顶点的影响范围是不合理的，在调节动作时会使模型产生变形和拉伸。因此在调节之前要先使用"编辑封套"的方式来改变骨骼对模型的影响范围，从而为下一步的操作做好准备。

（1）选择骨骼，单击"编辑封套"按钮，然后选中"顶点"复选框，如图6-33所示。

（2）调节上臂封套。选择上臂封套，一般它的默认影响范围值会偏大一些，这时候要将它调小至最佳影响范围，如图6-34所示，然后单击 （复制封套）按钮。接着选择另外一边的手臂封套，单击 （粘贴封套）按钮，将调整为最佳影响范围的上臂封套复制到另外一边，如图6-35所示。

图6-33　进入"编辑封套"状态

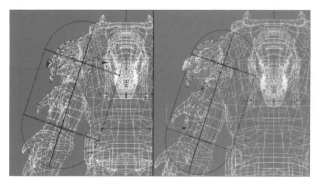

图6-34　调节封套的影响范围　　　　　图6-35　复制封套

（3）选择前臂封套，拖动如图6-36中A所示的调节点，将默认影响范围值调整为最佳，如图6-36中B所示。然后参照上臂封套的制作方法，将调整为最佳影响范围的前臂封套复制到另外一边。

（4）同理，选择并调整好一边的手掌封套，如图6-37所示，并复制到对称的一边。

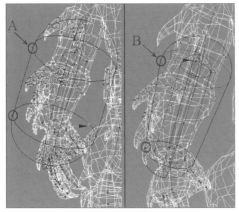

图6-36　调节并复制前臂封套

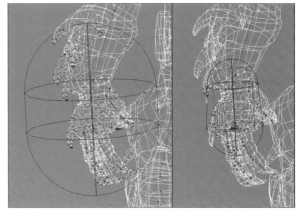

图6-37　调节并复制手掌封套

（5）调节大腿的封套。通过观察模型会发现，怪物的手掌和大腿模型交接处的顶点距离很近，如图6-38所示，在调整大腿的封套时，要注意封套影响范围值的调整，不要出现互相影响的问题。图6-39所示为调整到最佳的封套范围，最后复制到另外一边。

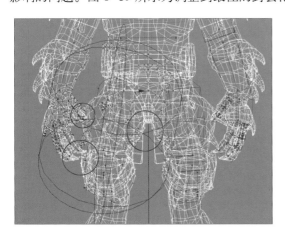

图6-38　错误的封套影响范围

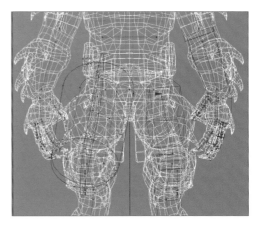

图6-39　调节为合理的封套影响范围

（6）调节小腿封套。通过观察模型会发现，当前小腿封套的影响范围是错误的，如图6-40所示。下面调节小腿封套，要注意处理好手掌与小腿封套影响范围值的关系，调整后的效果如图6-41所示，然后将其复制到另外一边。

（7）调节脚掌和脚趾封套。通过观察模型会发现，当前脚趾封套的影响范围是错误的，下面调节脚趾的封套，如图6-42所示，然后复制封套到另外一边。

（8）调节装备的封套。调节时要注意不要影响到其他部分的顶点即可。再复制封套，粘贴到对称的一边即可。下面首先调节肩部装备的封套，如图6-43和图6-44所示。然后调节怪物膝部装备的封套，如图6-45所示。接着调整怪物头盔带子的封套，如图6-46所示。

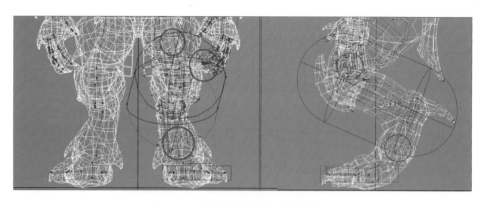

图 6-40　错误的小腿封套影响范围

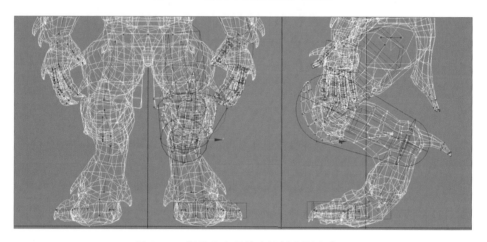

图 6-41　调整为合理的小腿封套影响范围

图 6-42　调整后的封套影响范围

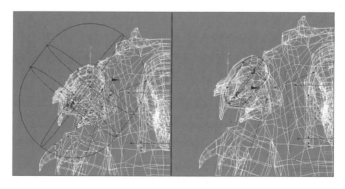

图 6-43　调节怪物肩部装备的封套

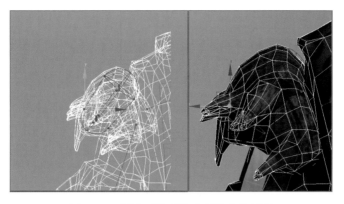

图 6-44　调节后的怪物肩部装备的封套

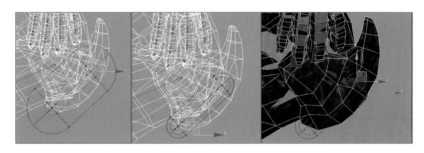

图 6-45　调节怪物膝部装备的封套

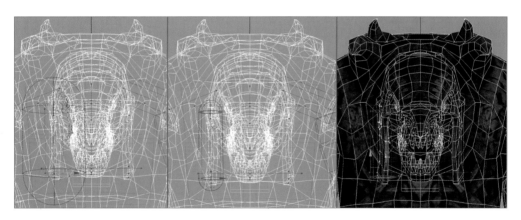

图 6-46　调节怪物头盔带子的封套

（9）调节怪物下颚封套，图 6-47（a）为调节前不合理的下颚封套影响范围，图 6-47（b）为调节后合理的下颚封套影响范围。

（10）调节头部封套，如图 6-48 所示。

（11）调节颈部封套，如图 6-49 所示。

（12）调节身体封套。观察本例中的怪物身体模型，会发现怪物的身体模型由上、中、下三段（脊椎）和髋部四部分构成。在调节封套时，也要按照四部分来调节，特别要注意手臂附近的封套的影响范围。图 6-50（a）为调节前的髋部封套，图 6-50（b）为调节后的髋部封套。图 6-51(a) 为调节前的第三段脊椎封套，图 6-51（b）为调节后的第三段脊椎封套。图 6-52（a）为调节前的第二段脊椎封套，图 6-52（b）为调节后的第二段脊椎封套。

图 6-53（a）为调节前的第一段脊椎封套，图 6-53（b）为调节后的第一段脊椎封套。

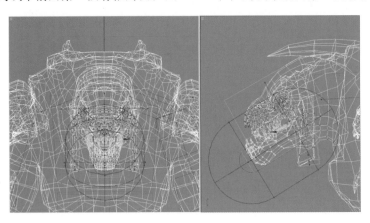

（a）不合理的下颚封套

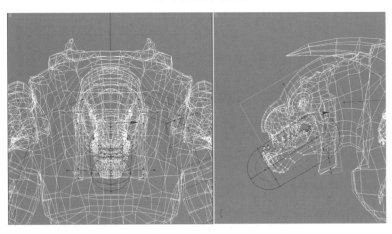

（b）调节好的下颚封套

图 6-47　调节怪物下颚封套

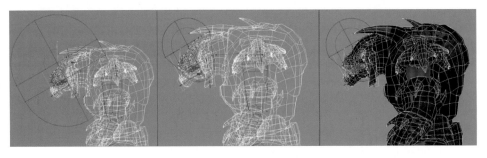

图 6-48　调节头部封套

图 6-49　调节颈部封套

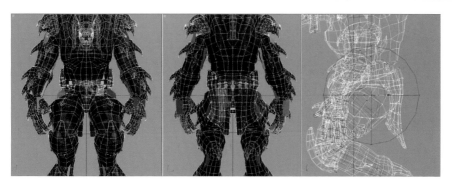

(a) 不合理的怪物髋部封套

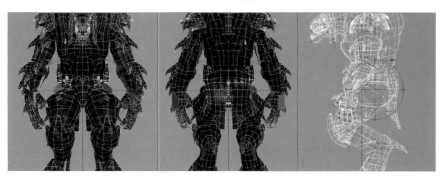

(b) 调节好的怪物髋部封套

图 6-50　调节怪物髋部封套

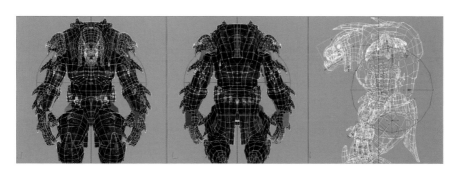

(a) 不合理的怪物第三段脊椎封套

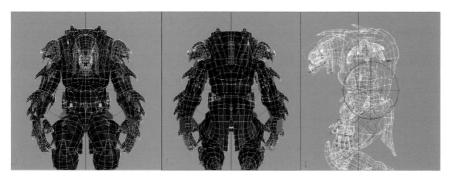

(b) 调节好的怪物第三段脊椎封套

图 6-51　调节怪物第三段脊椎封套

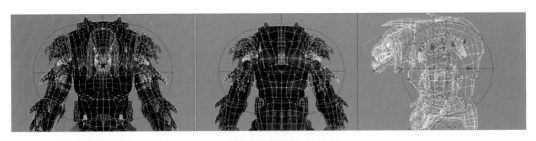

(a) 不合理的怪物第二段脊椎封套

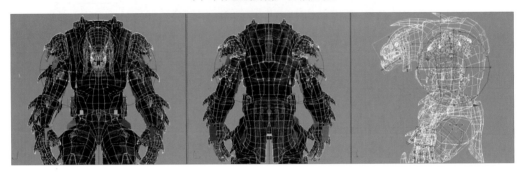

(b) 调节好的怪物第二段脊椎封套

图 6-52 调节怪物第二段脊椎封套

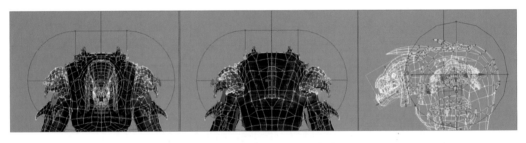

(a) 不合理的怪物第一段脊椎封套

(b) 调整好的怪物第一段脊椎封套

图 6-53 调节怪物第一段脊椎封套

6.3.3 调节四肢蒙皮

1. 编辑封套调整手臂的权重值

（1）单击 ⚙（权重工具）按钮，此时会弹出一个对话框，如图 6-54 所示。然后激活

动画控制区中的"自动关键点"按钮，给上臂和肘部做一个简单动画，此时可以观察到手臂部分的模型有明显的拉扯变形，如图 6-55 所示。

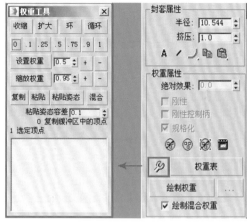

图 6-54 "权重工具"面板

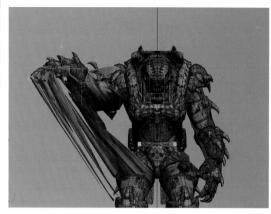

图 6-55 模型出现拉扯变形

（2）使用权重工具来纠正手臂模型的变形问题。单击手臂部分的封套，进入编辑状态，然后选中影响范围不合理的顶点，使用 (权重工具)按钮为其重新分配合理的权重值。考虑到手臂的动作比较多，因此在分配权重值的时候，需要细微操作。首先选中上臂的顶点，给其分配权重值为"1"，如图 6-56 所示。再依次选择前臂、手掌、手指的顶点，分别重新分配权重值为"1"，如图 6-57 所示。

图 6-56 调节上臂权重值

图 6-57　调节前臂和手掌的权重值

（3）手臂部分的变形调节好以后，观察模型可以看出，腿部模型还有变形，如图 6-58（a）所示。下面选中腿部模型的顶点，给其分配权重值为"1"，如图 6-58（b）所示。

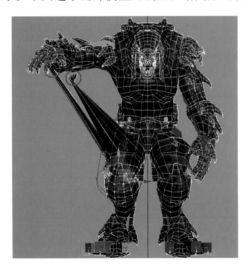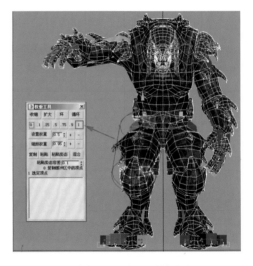

（a）腿部模型的拉扯变形　　　　　　　　　　　　（b）纠正腿部模型的拉扯问题

图 6-58　调节腿部模型的拉扯变形

（4）当完全纠正了手臂变形的问题后，下面对肘部、手腕、手指等关节部位顶点进行细节调整。关节部位一般把权重值设为"0.5"左右，并根据动作调节实际要求，可以使用"权重工具"对话框中的"设置重"右边的"+""-"按钮来进行微调权重值大小，如图 6-59 所示。

2．调节腿部的权重值

（1）纠正大腿部分的变形。首先调节大腿的权重，此时大腿发生变形的部位如图 6-60 中 A 部分的红色圆圈所示。下面将大腿骨骼权重值设为 0，再参照手臂权重的调节步骤，细微调节膝盖部分的权重值，调节结果如图 6-60 中 B 部分所示。

(a) 细微调节手臂关节部分的权重值

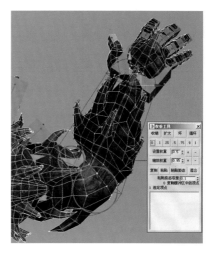

(b) 调节好的手臂部分的权重值

图 6-59　调节手臂权重值

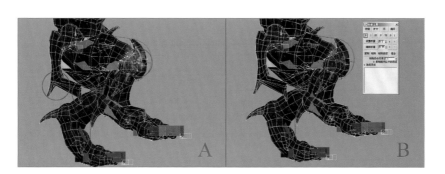

图 6-60　调节大腿的权重值

（2）调节小腿部分的权重值。此时小腿发生变形的部位如图 6-61 中 A 部分的红色圆圈所示。下面将小腿部分的权重值调节为 0，再细微调节膝盖部分的权重值，调节结果如图 6-61 中 B 部分所示。

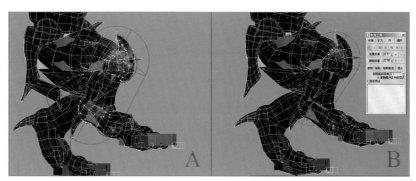

图 6-61　调节小腿的权重值

（3）调节脚掌部分的权重值。此时脚掌发生变形的部位如图 6-62 中 A 部分的红色圆圈所示。下面将脚掌部分的权重值调节为 0，再细微调节脚掌和小腿部分的权重值，结果如图 6-62 中 B 部分所示。

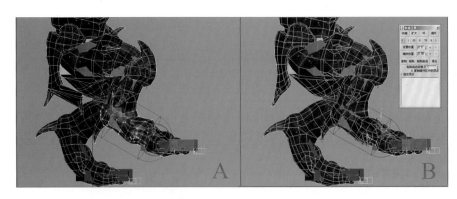

图 6-62　调节脚掌的权重值

（4）至此，纠正整个腿部变形的问题调节完毕，此时模型显示如图 6-63 所示。

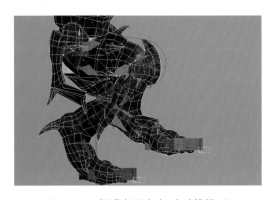

图 6-63　调节好腿部权重后的模型

3. 调节手掌部分的权重值

（1）给手掌做一个简单的动画，然后观察变形部位，如图 6-64（a）所示。

（2）通过调节权重值来纠正变形，如图 6-64（b）所示。

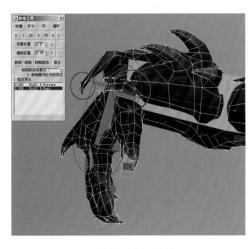
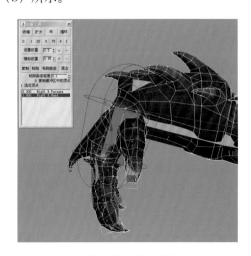

（a）手掌变形部位　　　　　　　　　　（b）调节权重值后的手掌显示

图 6-64　调节手掌的权重值

4．调节手指关节的权重值

同样给手指做一个简单的动画，并纠正变形的部位。这部分调节比较复杂，每根手指的关节要分别做一次简单动画，再单独调节权重值。

（1）调节小指权重值，如图 6-65 所示。

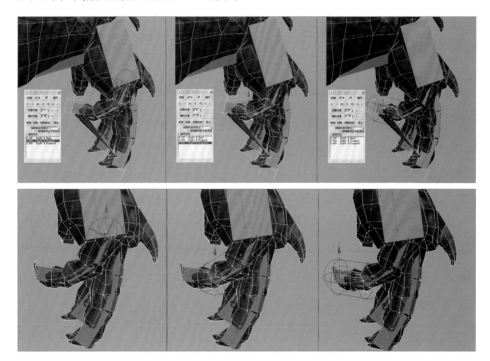

图 6-65　调节小指权重值

（2）调节无名指的权重值，如图 6-66 所示。

图 6-66　调节无名指权重值

（3）调节中指的权重值，如图 6-67 所示。

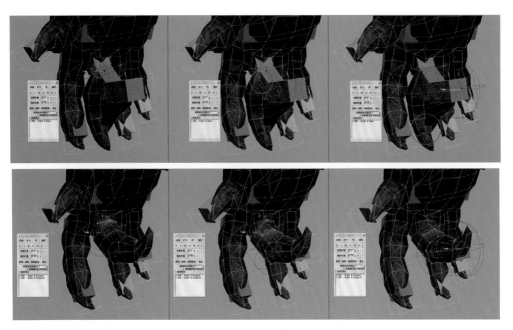

图 6-67　调节中指权重值

（4）同理，调节剩下的两根手指的权重值。在此不再赘述。

5. 调节脚掌的权重值

（1）给脚掌做一个简单的动画，然后观察变形部位，如图 6-68（a）所示。

（2）调节脚掌的权重值，纠正模型变形的问题，如图 6-68（b）所示。

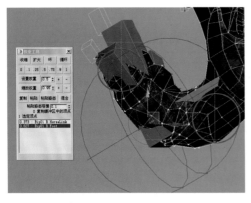

（a）脚掌变形部位　　　　　　　　　　　　（b）完成脚掌变形的处理

图 6-68　调节脚掌的权重值

6. 调节脚趾的权重值

由于怪物每只脚有三只脚趾，因此这部分操作参照手指关节权重值调整的思路来进行。

（1）给右边脚趾做一个简单的动画，观察拉伸部位，并调节脚趾的权重值，纠正拉伸问题，如图 6-69 所示。

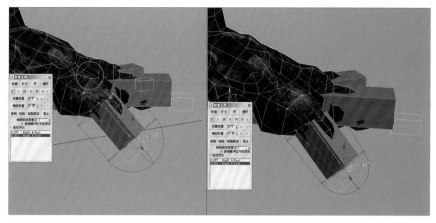

图 6-69   调节怪物第一根脚趾的权重值

（2）给怪物第二根脚趾做一个简单的动画，观察拉伸部位，并调节脚趾的权重值，纠正拉伸问题，如图 6-70 所示。

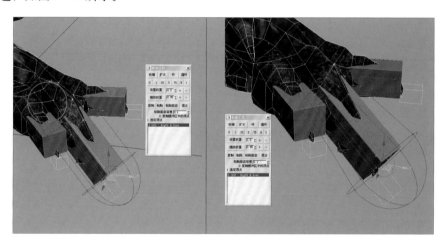

图 6-70   调节怪物第二根脚趾的权重值

（3）给怪物第三根脚趾做一个简单的动画，观察拉伸部位，并调节脚趾的权重值，纠正拉伸，如图 6-71 所示。

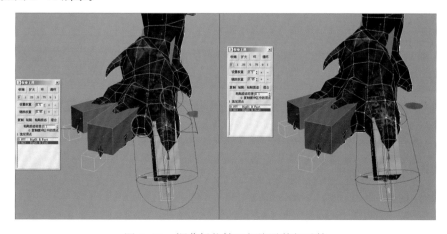

图 6-71   调节怪物第三根脚趾的权重值

6.3.4　调节装备蒙皮

（1）因为装备由 Bones 骨骼单独控制，所以在调节权重值时，只要直接选中装备模型上的顶点，再利用 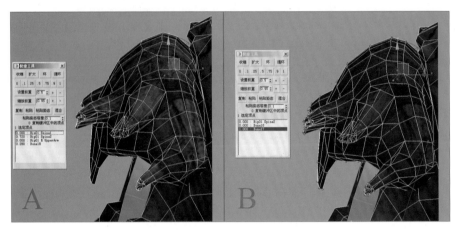（权重工具）修改权重值即可。选中"蒙皮"参数面板中的"选择元素"复选框，然后单击模型装备的顶点，从而选中模型装备的所有顶点，接着调节肩部装备的权重值为"1"，调节前后对比如图 6-72 中 A、B 部分所示。

图 6-72　调节肩部装备的权重值

（2）同理，调节膝部装备的权重值，调节前后效果对比如图 6-73 中 A 和 B 部分所示。

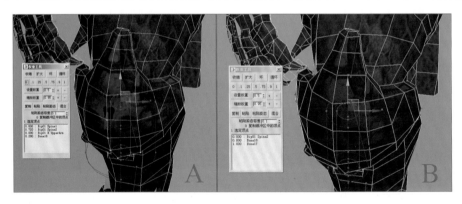

图 6-73　调节膝部装备的权重值

（3）调节头盔带子的权重，调节前后效果对比如图 6-74 中 A、B 部分所示。图 6-74 中 A 部分圆圈处为默认权重对模型产生的不合理影响。

图 6-74　调节头盔带子的权重值

6.3.5　调节身体蒙皮

对于身体蒙皮的调节可以参考装备的调整步骤。人型生物（BOSS）的整个身体分为三段脊椎和髋部四个部分。

（1）调节髋部模型的权重值。在"蒙皮"参数面板中选中"顶点"和"选择元素"复选框，然后单击髋部顶点，从而选中整个髋部，此时可以看到不正确的权重值产生的效果，如图 6-75（a）所示。接着利用 ✎（权重工具）将顶点权重值设为"1"，此时可以看到代表权重影响值的颜色显示为红色，效果如图 6-75（b）所示。

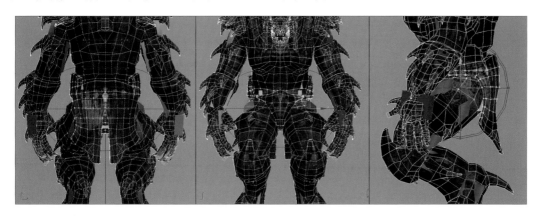

(a) 髋部模型的不正确权重

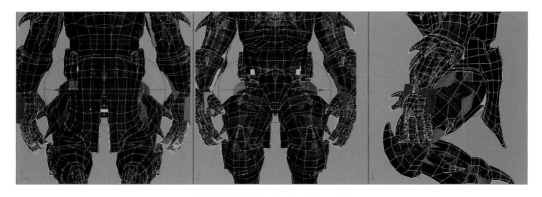

(b) 调节髋部模型权重后的显示效果

图 6-75　调节髋部模型的权重值

> ● 提 示
>
> 代表权重影响值的颜色显示为红色，表示整个髋部的权重值是正确的。

（2）同理，调节第三段脊椎权重值。调节前不正确的权重值产生的效果如图 6-76（a）中圆圈处所示，调节权重值后，正确的显示效果如图 6-76（b）所示。

（3）调节第二段脊椎的权重值。调节前不正确的权重值产生的效果如图 6-77（a）所示，调节权重值后，正确的显示效果如图 6-77（b）所示。

（4）调节第一段脊椎的权重值。调节前不正确的权重值产生的效果如图 6-78（a）所示，调节权重值后，正确的显示效果如图 6-78（b）所示。

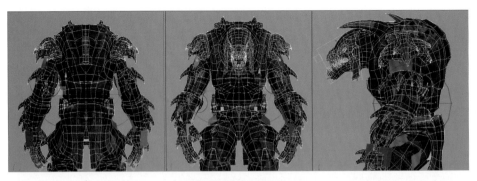

(a) 第三段脊椎的初始权重值

(b) 调节第三段脊椎权重值后的显示效果

图 6-76　调节第三段脊椎权重值

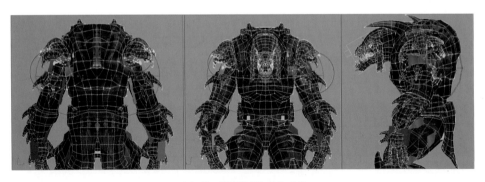

(a) 第二段脊椎的初始权重值

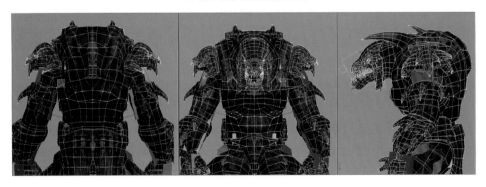

(b) 调节第二段脊椎权重值后的显示效果

图 6-77　调节第二段脊椎权重值

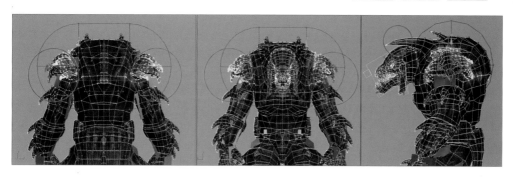

(a) 第一段脊椎的初始权重值

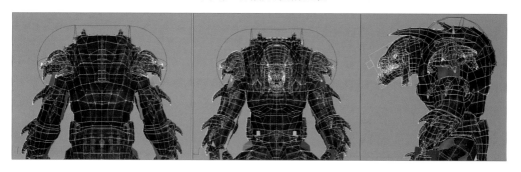

(b) 调节第一段脊椎权重值后的显示效果

图 6-78　调节第一段脊椎权重值

6.3.6　调节头部蒙皮

（1）单击 ![weight tool icon]（权重工具）按钮，弹出"权重工具"对话框，如图 6-79 所示。此时调节头部的蒙皮会发现有些地方是不正确的，如图 6-80 和图 6-81 中 A 部分圆圈处所示。下面利用权重工具将头部的点全部包括到头上面来，并把权重值都设为"1"，这样头部在以后的运动中才不会变形，如图 6-80 和图 6-81 中 B 部分所示。

（2）调节脖子的蒙皮。调节前不正确的显示效果如图 6-82 中 A 部分圆圈处所示。利用权重工具耐心地进行调节后的效果如图 6-82 中 B 部分所示。

图 6-79　设置权重工具

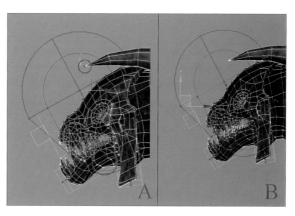

图 6-80　调节头部上端的权重值

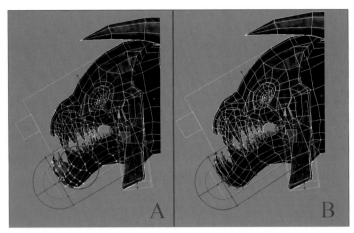

图 6-81　调节下颚的权重值

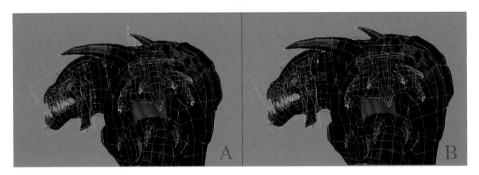

图 6-82　调节怪物脖子的权重值

6.4　怪物的动作

本节将学习怪物的四个最基本常用的动作，包括怪物的呼吸动作、怪物的攻击动作、怪物的旋转倒地死亡动作和怪物的后退动作，以便大家掌握怪物动画的制作流程。

6.4.1　怪物的呼吸动作

呼吸动作是游戏中最常用的一种动作，是角色的一种站立状态。下面先从这个简单的动作着手，来讲解角色动作的设置方法。

（1）打开"配套资源 / MAX / 第 6 章　制作人型生物的动作动画 / 人型生物（BOSS）_呼吸源文件 .max"文件，然后选择除怪物双脚外的怪物全身 Biped。接着确定时间滑块是第 0 帧，进入 ◎（运动）命令面板，单击"关键点信息"卷展栏下的 ☀（设置关键点）按钮，如图 6-83 所示，这样就为全身都打上了关键帧。

⊕ 提 示

之所以没选择脚是因为要在脚上打踩踏关键点，如图 6-84 所示，以便将其固定在地面上。

图 6-83　设置关键点

图 6-84　设置踩踏关键点

（2）设置时间滑块的时间。右击动画控制区中的▶（播放动画）按钮，在弹出的"时间配置"对话框中设置"结束时间"为"60"，如图 6-85 所示，单击"确定"按钮，这样就把时间滑块长度设为 60 帧了。

（3）从选择集中选择 Biped，从而选中整个两足骨骼的骨骼。然后选择第 0 帧上的关键帧，按住【Shift】键，沿图 6-86 所示的红色箭头方向将关键帧拖动到最后一帧，从而将第 0 帧复制到第 60 帧，使动画会衔接起来。

（4）激活"自动关键点"按钮，将时间滑块移动到第 30 帧，将中心点"Bip01"向下调低一点，脊椎向下弯一点，手张开一点。这样，我们就完成了怪物在第 0 帧、第 30 帧、第 60 帧三个姿势，如图 6-87 所示。

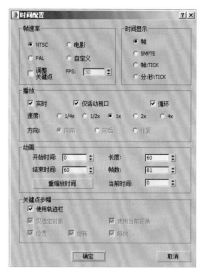

图 6-85　设置时间滑块长度

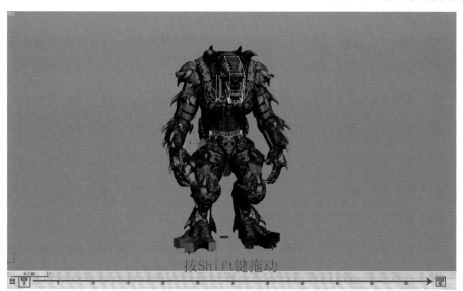

按Shift键拖动

图 6-86　复制关键帧衔接动画

💧 提 示

注意这几帧的变化都是很小的，不要调得幅度过大，这样容易造成运动过快。

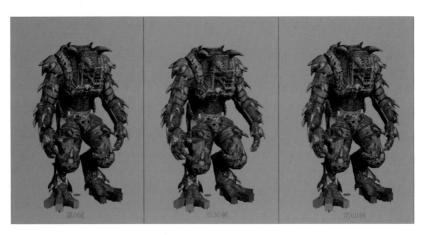

图 6-87　记录关键帧

（5）单击动画控制区中的▶（播放动画）按钮播放动画，即可看到怪物身体的起伏。如果发现动作幅度过大造成过于生硬，可以适当修改。至此，角色的呼吸动作制作完毕。有兴趣的读者还可以再添加更多动作细节，例如，手指的动画。

（6）至此，怪物的呼吸动作调整完毕。选择"文件"|"另存为"命令，将其另存为"人型生物（BOSS）_呼吸结果.max"文件。

6.4.2　怪物的攻击动作

攻击动作也是游戏中最常用一种动作的动画。基本上每个角色都会用到攻击动画，下面就来学习攻击动画的制作方法。

（1）在制作前，先观察长度为 40 帧的怪物攻击动画的帧数分配，并注意其身体各部分的变化，如图 6-88 所示。

图 6-88　怪物攻击动作的帧数分配和身体变化

（2）打开"配套资源／MAX／第 6 章　制作人型生物的动作动画／人型生物（BOSS）_
攻击源文件 .max"文件。然后右击（播放动画）按钮，在弹出的"时间配置"对话框中将动
画"结束时间"设为"40"，如图 6-89 所示，单击"确定"按钮。

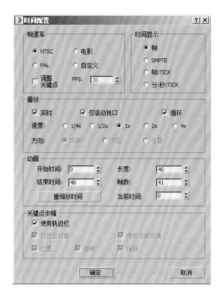

图 6-89　设置动画时间

（3）激活"自动关键点"按钮，然后将时间滑块拨动到第 15 帧，稍稍向后调节身体和重心，
再将绿色手臂向上抬起，蓝色手臂向前伸出，并调节肩部装备，这是一个准备进攻的姿势。
接着再给脚设置一个踩踏关键帧，此时角色姿态如图 6-90 所示。

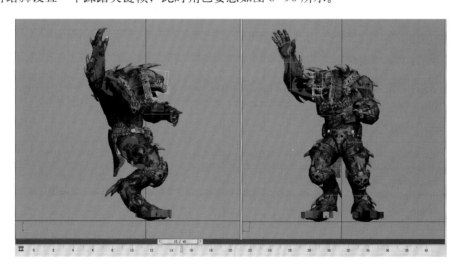

图 6-90　记录怪物攻击动作的第 15 帧

（4）将时间滑块拨动到第 18 帧，然后将身体向前倾并旋转，重心稍稍向前移动，再将
绿色手臂向前伸出，蓝色手臂向后移动，并调节肩部装备，此时姿态如图 6-91 所示。

（5）将时间滑块拨动到第 20 帧，然后将身体继续向前倾并旋转，重心稍稍向前移动，
再将绿色手臂向前伸出，蓝色手臂向后移动，并调节肩部装备，此时姿态如图 6-92 所示。

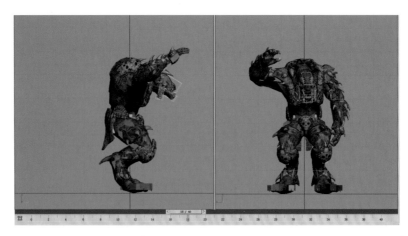

图 6-91　记录怪物攻击动作的第 18 帧

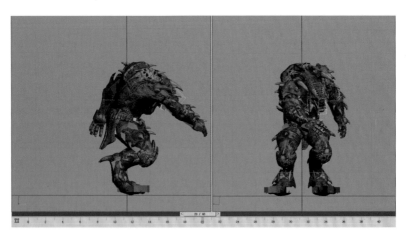

图 6-92　记录怪物攻击动作的第 20 帧

（6）从选择集中选择全部骨骼，然后选择第 0 帧上的关键帧，按住【Shift】键，沿红色箭头方向将关键帧拖动到最后一帧，如图 6-93 所示，从而将第 0 帧复制到第 60 帧。这样怪物的动作就会无限循环地衔接起来。

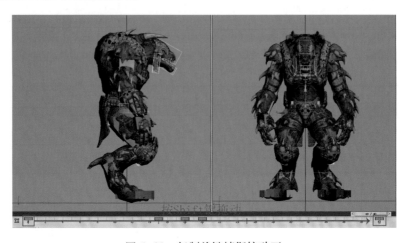

图 6-93　复制关键帧衔接动画

（7）至此，怪物的攻击动作调整完毕。选择"文件"|"另存为"命令，将其另存为"人型生物（BOSS）_攻击结果 .max"文件。

6.4.3 怪物的旋转倒地死亡动作

死亡动画是一个不用循环的动画，因为没有必要做成循环动作，下面就来制作一个角色旋转最后倒地的死亡动画。

（1）在制作前，先观察长度为 60 帧的怪物旋转倒地死亡动画的帧数分配，并要注意身体各部分的变化，如图 6−94 所示。

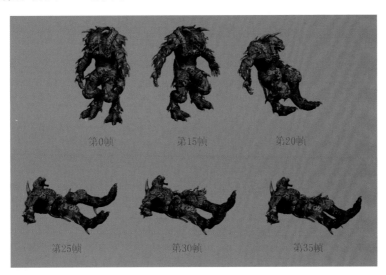

图 6−94　怪物旋转倒地死亡动画的帧数分配和身体变化

（2）打开"配套资源／MAX／第 6 章　制作人型生物的动作动画／人型生物（BOSS）_死亡源文件 .max"文件。然后将时间滑块调节到第 0 帧，激活"自动关键点"按钮，选择怪物的全部骨骼，开始记录关键帧，如图 6−95 所示。

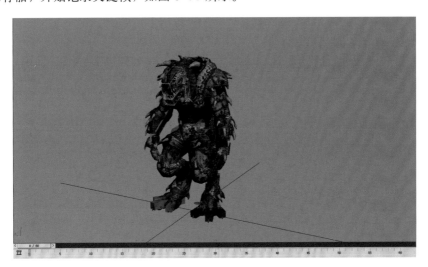

图 6−95　记录怪物死亡的初始关键帧

⊕ 提示

这里要做一个35帧的动画，但要把动画时间长度设为60帧，因为死亡动作不是循环的，第0~35帧记录了怪物死亡倒地的动作，后面第36~60帧则一直在记录怪物死亡倒地后的动作。做完动画观看效果，应该是角色在第35帧倒地后，直到60帧始终保持着倒地的动作。

（3）将时间滑块拨动倒第15帧，制作角色旋转将要倒地的动作。下面调节角色重心，使其旋转，同时让怪物的两臂张开，如图6-96所示。

图6-96　制作怪物倒地前的动作

（4）将时间滑块拨动到第20帧，制作角色的身体开始向地面倒下去的动作。下面利用 ✛（选择并移动）工具和 ↻（选择并旋转）工具对Biped进行调整，如图6-97所示。

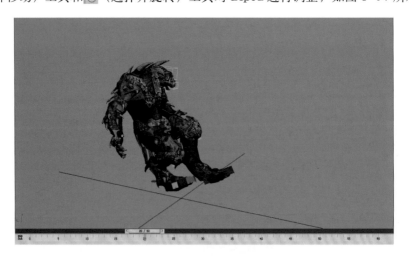

图6-97　制作怪物倒地的动作

（5）将时间滑块拨动到第25帧，制作角色的身体平躺在地面的动作。利用 ✛（选择并移动）工具和 ↻（选择并旋转）工具对Biped进行调整，如图6-98所示。

（6）将时间滑块拨动到第30帧，调节身体向前倾，两个手臂稍稍向上抬起，如图6-99所示。

图 6-98　制作怪物倒地的第 25 帧动作

图 6-99　制作怪物倒地的第 30 帧动作

（7）将时间滑块拨动到第 35 帧，调节身体，使其平躺在地面，然后调节两条手臂使其落在地面。接着调节蓝色腿部使其与地面接触，如图 6-100 所示。

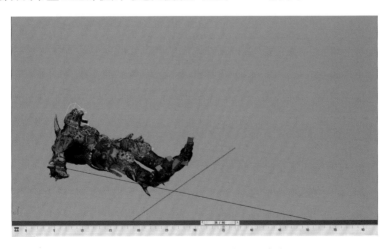

图 6-100　制作怪物倒地的第 35 帧动作

（8）至此，怪物旋转倒地死亡的动作制作完毕。在播放动画的时候如发现幅度过大不正确的地方，要及时调整。

（9）选择"文件"|"另存为"命令，将其另存为"人型生物（BOSS）_死亡结果 .max"文件。

6.4.4　怪物的前进动作

步行动画是游戏动画中用到最多的动画，基本上游戏中的两足角色都会用到，所以步行动画的制作方法是最基本的知识，下面就来制作怪物后退的动画。

（1）在制作前，先观察长度为 40 帧的步行动画的帧数分配，并注意身体各部分的变化，如图 6-101 所示。

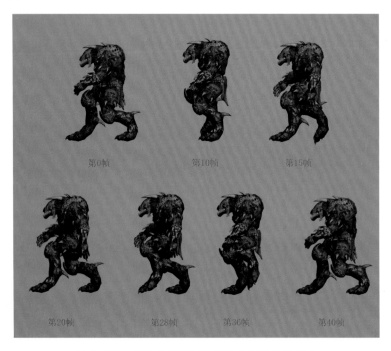

第0帧　　　第10帧　　　第15帧

第20帧　　　第28帧　　　第36帧　　　第40帧

图 6-101　怪物步行动画的帧数分配及身体变化

（2）打开"配套资源 /MAX/ 第 6 章　制作人型生物的动作动画 / 人型生物（BOSS）_前进源文件 .max"文件，然后将动画时间长度设为 40 帧。接着激活"自动关键点"按钮，确定时间滑块使得位置位于第 0 帧，调整双脚和重心的位置，使双脚分开，从而记录下怪物步行的初始动作，如图 6-102 所示。

（3）把时间滑块拨动到第 10 帧，调整双脚的位置，这时左脚在空中，重心稍微上升，如图 6-103 所示，记录关键帧。

（4）把时间滑块拨动到第 15 帧，调整双脚的位置，这时左脚还在空中，重心稍稍下降，如图 6-104 所示。

（5）把时间滑块拨动到第 20 帧，调整脚的位置让其分开，其实这一帧基本上和第 0 帧是一样的，只是左右脚换了位置，如图 6-105 所示。

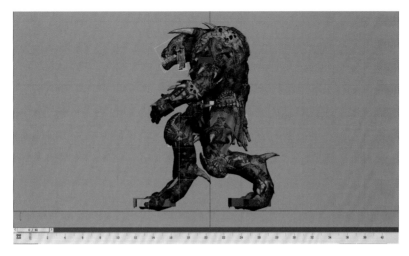

图 6-102　怪物步行初始动作

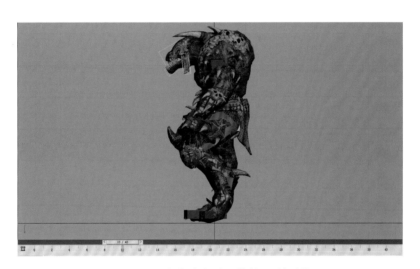

图 6-103　怪物步行动画的第 10 帧动作

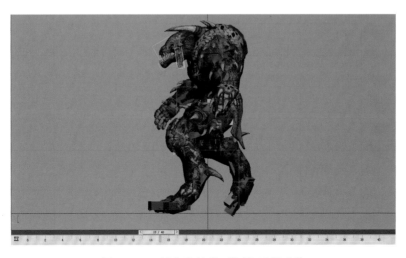

图 6-104　怪物步行动画的第 15 帧动作

277

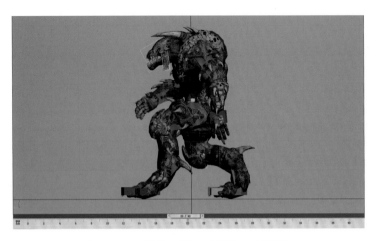

图 6-105　怪物步行动画的第 20 帧动作

（6）把时间滑块拨动到第 30 帧，调整双脚的位置，这时左脚在空中，重心稍稍上升，其实这一帧基本上和第 10 帧是一样的，只是左右脚换了位置，如图 6-106 所示。

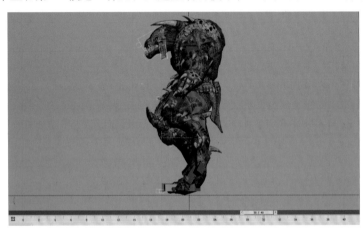

图 6-106　怪物步行动画的第 30 帧动作

（7）把时间滑块拨动到第 35 帧，调整双脚的位置，这时左脚还在空中，重心稍稍下降，这一帧基本上和第 15 帧是一样的，只是左右脚换了位置，如图 6-107 所示。

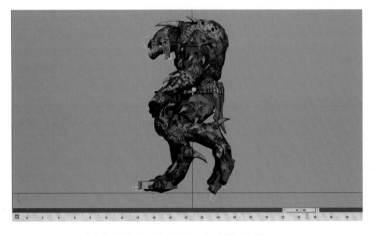

图 6-107　怪物步行动画的第 35 帧动作

（8）选中全部骨骼，拖动第0帧关键帧到第60帧，如图6-108所示。

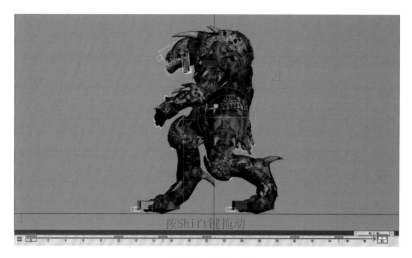

图6-108　制作怪物步行的循环动画

⊕ 提 示

　　因为行走动作是一个循环动作，所以第0帧和第60帧关键帧是一样的。

　　（9）至此，怪物的前进动作调整完毕。选择"文件"｜"另存为"命令，将其另存为"人型生物（BOSS）_前进结果.max"文件。

课 后 练 习

1. 填空题

（1）在创建角色的装备骨骼时，一般使用 ＿＿＿＿＿ 骨骼来完成。
（2）完成骨骼与模型的匹配后，要把 ＿＿＿＿＿ 骨骼与 ＿＿＿＿＿ 骨骼进行链接。
（3）在使用Skin蒙皮修改器时，可以使用 ＿＿＿＿＿ 工具复制对称的权重值。

2. 问答题

简述在制作游戏动画时要创建初始动作的目的。

3. 制作题

利用本章实例模型，制作一段怪物连续攻击的复杂动作。